Hussein Chaitou

Optimisation par essaims particulaires des machines thermoacoustiques

Hussein Chaitou

Optimisation par essaims particulaires des machines thermoacoustiques

Application à la récupération de chaleur pour la génération électrique

Presses Académiques Francophones

Impressum / Mentions légales
Bibliografische Information der Deutschen Nationalbibliothek: Die Deutsche Nationalbibliothek verzeichnet diese Publikation in der Deutschen Nationalbibliografie; detaillierte bibliografische Daten sind im Internet über http://dnb.d-nb.de abrufbar.
Alle in diesem Buch genannten Marken und Produktnamen unterliegen warenzeichen-, marken- oder patentrechtlichem Schutz bzw. sind Warenzeichen oder eingetragene Warenzeichen der jeweiligen Inhaber. Die Wiedergabe von Marken, Produktnamen, Gebrauchsnamen, Handelsnamen, Warenbezeichnungen u.s.w. in diesem Werk berechtigt auch ohne besondere Kennzeichnung nicht zu der Annahme, dass solche Namen im Sinne der Warenzeichen- und Markenschutzgesetzgebung als frei zu betrachten wären und daher von jedermann benutzt werden dürften.

Information bibliographique publiée par la Deutsche Nationalbibliothek: La Deutsche Nationalbibliothek inscrit cette publication à la Deutsche Nationalbibliografie; des données bibliographiques détaillées sont disponibles sur internet à l'adresse http://dnb.d-nb.de.
Toutes marques et noms de produits mentionnés dans ce livre demeurent sous la protection des marques, des marques déposées et des brevets, et sont des marques ou des marques déposées de leurs détenteurs respectifs. L'utilisation des marques, noms de produits, noms communs, noms commerciaux, descriptions de produits, etc., même sans qu'ils soient mentionnés de façon particulière dans ce livre ne signifie en aucune façon que ces noms peuvent être utilisés sans restriction à l'égard de la législation pour la protection des marques et des marques déposées et pourraient donc être utilisés par quiconque.

Coverbild / Photo de couverture: www.ingimage.com

Verlag / Editeur:
Presses Académiques Francophones
ist ein Imprint der / est une marque déposée de
OmniScriptum GmbH & Co. KG
Heinrich-Böcking-Str. 6-8, 66121 Saarbrücken, Deutschland / Allemagne
Email: info@presses-academiques.com

Herstellung: siehe letzte Seite /
Impression: voir la dernière page
ISBN: 978-3-8416-2493-2

Copyright / Droit d'auteur © 2013 OmniScriptum GmbH & Co. KG
Alle Rechte vorbehalten. / Tous droits réservés. Saarbrücken 2013

SPIM
Thèse de Doctorat

école doctorale sciences pour l'ingénieur et microtechniques
UNIVERSITÉ DE FRANCHE-COMTÉ

Etude d'optimisation par essaims particulaires d'un moteur thermoacoustique : Application au couplage avec un générateur électrique linéaire

Présentée par

Hussein CHAITOU

Pour obtenir le grade de

Docteur de l'Université de Franche-Comté

Spécialité : **Energétique**

Soutenue le 9 Avril 2013 devant le jury composé de

Pr. Smaïne KOUIDRI, Université de Paris-Sud (Président du jury – Rapporteur)
Pr. Pierrick LOTTON, Université du Maine (Rapporteur)
Dr. Diana BALTEAN-CARLES, Université Pierre et Marie Curie (Examinateur)
Ing. Jean-Pierre THERMEAU, Institut de Physique Nucléaire (Examinateur)
Pr. Philippe NIKA, Université de Franche-Comté (Directeur de thèse)
Dr. Guillaume LAYES, Université de Franche-Comté (Encadrant)

SPIM

■ École doctorale SPIM 16 route de Gray F - 25030 Besançon cedex
■ tél. +33 (0)3 81 66 66 02 ■ ed-spim@univ-fcomte.fr ■ www.ed-spim.univ-fcomte.fr

À mes parents

REMERCIEMENTS

Cette thèse, commencée en Décembre 2009, a été effectuée au sein de l'équipe MACH (Machines thermiques et électriques non conventionnelles) du département Energie de l'institut FEMTO-ST, UMR 6174 CNRS/UFC/ENSMM/UTBM.

Je tiens tout d'abord à remercier très chaleureusement M. Philippe NIKA, Professeur et directeur du département Energie de l'institut FEMTO-ST, de m'avoir accueilli dans son équipe, de m'avoir permis d'effectuer cette thèse dans les meilleures conditions et pour s'être montré toujours disponible malgré ses nombreuses responsabilités tout en me laissant une grande autonomie.

Je remercie M. Guillaume LAYES, maître de conférences à l'Université de Franche-Comté, pour avoir effectué l'encadrement de mes travaux de thèse.

Je remercie M. Smaïne KOUIDRI, Professeur à l'Université de Paris-Sud, pour avoir accepté de juger ce travail en qualité de rapporteur ainsi que pour sa présidence du jury.

Je tiens également à remercier M. Pierrick LOTTON, Directeur de Recherches CNRS à l'Université du Maine, d'avoir accepté d'être rapporteur pour l'évaluation de mon travail.

Je remercie Mme Diana BALTEAN-CARLES, maître de conférences à l'Université Pierre et Marie Curie et M. Jean-Pierre THERMEAU, ingénieur à l'Institut de Physique Nucléaire d'Orsay, pour leur participation dans le jury en tant qu'examinateurs.

J'exprime ma reconnaissance à l'ensemble du personnel du département Energie de l'institut FEMTO-ST pour l'ambiance conviviale qui a régné pendant ma présence parmi eux.

Je tiens aussi à saluer mes camarades doctorants pour tous les moments passés ensemble.

J'adresse un grand merci à mes parents pour leurs sacrifices et pour leurs encouragements et soutiens quotidiens ainsi qu'à mes frères, mes sœurs et leurs enfants. Je leur dédie ce travail.

ABSTRACT

Thermoacoustic technology converts heat energy into acoustic energy in the case of heat engine (or prime mover) and vice-versa in the case of refrigerator (or heat pump). It is a very promising green energy solution that begins to have increasing attention from the energy research community. An interesting thermoacoustic device should have a high performance, i.e. a high efficiency and a high power. The design of such device requires a multi-objective optimization that takes into account all of its design and functional parameters.

The so-called "linear thermoacoustic theory" has provided a system of nonlinear ordinary differential equations of first order that has no closed-form solution. Therefore, a numerical solution is essential to solve this system of equations. However, the computation time to find a numerical solution is in most cases infeasible. Consequently, the existing optimization methods in the specialized literature for thermoacoustics reduce to parametric and single objective optimization methods that offer only local optimal solutions.

In order to overcome the high computation time, a new design and optimization algorithm for thermoacoustic devices is developed. It applies the Particle Swarm Optimization method (PSO) for the first time in the thermoacoustic research and it solves numerically the system of equations provided by the linear thermoacoustic theory. The algorithm, which is an original contribution in thermoacoustics, offers a global optimal solution at a very reasonable computation time by optimizing single-objective functions as well as multi-objective functions that take into account all the design and functional parameters of the thermoacoustic device. A multi-objective function can optimize simultaneously the efficiency and the power of the thermoacoustic device. This type of optimization offers a set of optimal solutions known as "Pareto Frontier".

Important conclusions for designing a standing-wave thermoacoustic engine with high efficiency and high power for electrical generation as well as innovative designs of thermoacoustic engines with high performance are presented. In addition, a design method for the coupling between thermoacoustic and electrical systems is addressed.

Finally, suggestions are made to improve the algorithm to become a powerful optimization and design tool that allows building thermoacoustic devices with high performance for any kind of applications for commercial purposes.

RESUME

La technologie thermoacoustique est une solution intéressante pour produire une énergie propre. Cette technologie commence à attirer une grande attention au sein de la communauté de recherche en énergie. L'effet thermoacoustique résulte de la conversion de l'énergie thermique en énergie mécanique sous forme acoustique ou vice versa ; Le premier cas trouve une application pour des moteurs thermiques alors que le second cas trouve une application pour des pompes à chaleur ou des refroidisseurs. Pour être intéressante, une machine thermoacoustique performante devrait avoir une efficacité et une puissance simultanément élevées. La conception de ce type de machine demande donc une optimisation multiobjectif globale qui prend en compte tous les paramètres de conception (géométriques) ou de fonctionnement de la machine.

La théorie thermoacoustique générale a fourni un système d'équations différentielles non linéaires d'ordre 1 qui n'a pas de solution analytique ; l'obtention d'une solution numérique de ce système d'équations est donc essentielle. Cependant, dans le cas présent, la résolution numérique est coûteuse au niveau du temps de calcul. On a souvent recours à des équations linéarisées qui sont alors baptisées « théorie linéaire de la thermoacoustique ». D'autre part, les méthodes d'optimisation existantes à ce jour dans la littérature se réduisent à des optimisations mono-objectif paramétriques qui n'offrent que des solutions optimales locales.

Afin de surmonter le problème dû au temps de calcul très important, un nouvel algorithme d'optimisation et de dimensionnement pour les machines thermoacoustiques est ainsi développé. Cet algorithme couple la théorie thermoacoustique linéaire avec la méthode d'optimisation par essaims particulaires. Ce mode d'optimisation n'a jamais été utilisé auparavant en thermoacoustique. L'algorithme développé, qui est une contribution originale en thermoacoustique, permet d'optimiser une fonction multiobjectif globale en un temps de calcul très raisonnable pour offrir une solution optimale globale, e.g. il permet de réaliser l'optimisation simultanée de l'efficacité et de la puissance d'une machine thermoacoustique en fonction de tous les paramètres de conception de la machine.

Des conclusions importantes pour la construction d'un moteur thermoacoustique à onde stationnaire en vue de son couplage avec un système de génération d'électricité ayant une efficacité et une puissance simultanément élevées sont présentées. En plus, des conceptions innovantes des moteurs thermoacoustiques sont discutées et une méthode pour concevoir et dimensionner un couplage moteur thermoacoustique/générateur électrique est abordée.

Finalement, quelques propositions sont faites pour améliorer l'algorithme développé de manière à ce qu'il devienne un outil d'optimisation et de dimensionnement ultra puissant permettant de construire des machines thermoacoustiques nouvelles et prêtes à être commercialisées.

TABLE DES MATIERES

Page

REMERCIEMENTS iv

ABSTRACT v

RESUME vi

TABLE DES MATIERES viii

LISTE DES TABLEAUX xiii

LISTE DES FIGURES xiv

LISTE DES SYMBOLES xix

INTRODUCTION GENERALE 1

INTODUCTION A LA THERMOACOUSTIQUE 7

    1.1 Introduction 7

    1.2 Classification des machines thermoacoustiques 14

        1.2.1 Moteurs thermoacoustiques à onde stationnaire 15

        1.2.2 Moteurs thermoacoustiques à onde progressive 22

        1.2.3 Moteurs thermoacoustiques à cascade 26

        1.2.4 Réfrigérateurs thermoacoustiques à onde stationnaire ou à onde progressive 28

        1.2.5 Réfrigérateurs à tube à gaz pulsé 28

    1.3 Principe physique de fonctionnement des moteurs thermoacoustiques 30

        1.3.1 Cas d'un régénérateur ($r_h << \delta_t$) 30

            1.3.1.1 Régénérateur dans un moteur thermoacoustique à onde stationnaire 33

            1.3.1.2 Régénérateur dans un moteur thermoacoustique à onde progressive 35

1.3.1.3 Régénérateur dans un moteur thermoacoustique à onde mixte stationnaire/progressive 37

1.3.2 Cas d'un stack ($r_h \sim \delta_t$) 38

    1.3.2.1 Stack dans un moteur thermoacoustique à onde stationnaire 38

    1.3.2.2 Stack dans un moteur thermoacoustique à onde progressive 41

    1.3.2.3 Stack dans un moteur thermoacoustique à onde mixte stationnaire/progressive 43

1.3.3 Cas d'un rayon hydraulique très supérieur à l'épaisseur de la couche limite thermique $r_h \gg \delta_t$ 43

THEORIE THERMOACOUSTIQUE LINEAIRE ET FORMULATION DU PROBLEME 45

2.1 Approximation thermoacoustique de Rott 45

2.2 Application de l'approximation thermoacoustique de Rott sur les équations 48

    2.2.1 Equation d'état d'un gaz parfait 48

    2.2.2 Equations de Navier-Stokes 49

        2.2.2.1 Equation générale du transfert d'énergie 51

        2.2.2.2 Equation de la quantité de mouvement 52

        2.2.2.3 Equation de conservation de la masse 53

    2.2.3 Fonctions géométriques thermique et visqueuse de Rott 54

        2.2.3.1 Canal large de rayon hydraulique beaucoup plus grand que l'épaisseur de la couche limite thermique 54

        2.2.3.2 Canal de plaques en parallèle 55

        2.2.3.3 Canal avec pore de section circulaire 55

        2.2.3.4 Canal constitué d'un pore triangulaire équilatéral 56

2.2.3.5 Canal de pore de forme rectangulaire 57

2.2.3.6 Canal à aiguilles ou « pin-array » 57

2.2.4 Puissance acoustique 58

2.2.5 Puissance totale 59

2.2.6 Premier principe de la thermodynamique 61

2.2.7 Efficacité éxergétique 64

2.3 Formulation du problème 65

2.3.1 Résolution numérique pour un moteur thermoacoustique 65

2.3.1.1 Problème aux valeurs initiales « PVI » 67

2.3.1.2 Problème de valeurs aux limites « PVL » 67

2.4 Simulations numériques en thermoacoustique 68

2.5 Méthodes d'optimisation en thermoacoustique 70

OPTIMISATIONS PARAMETRIQUES A PARTIR D'UN MODELE THERMOACOUSTIQUE ADIMENSIONNEL 75

3.1 Modèles thermoacoustiques adimensionnels 76

3.2 Optimisation paramétrique du stack de plaques planes parallèles d'un moteur thermoacoustique 81

3.3 Description de la méthode d'optimisation par essaims particulaires 84

3.3.1 Algorithme de la méthode 85

3.3.2 Optimisation multiobjectif 88

3.4 Optimisation par essaims particulaires du stack de plaques planes parallèles d'un moteur thermoacoustique 88

3.4.1 Optimisation de l'efficacité éxergétique $\eta ex(xc *, rh, \tau)$ 90

3.4.2 Optimisation de la puissance acoustique générée $\Delta W * (xc *, rh, \tau)$ 92

3.4.3 Optimisation mixte de l'efficacité éxergétique fois la puissance acoustique $\eta ex \times \Delta W * (xc *, rh, \tau)$ 94

3.5 Conclusions 99

ALGORITHME D'OPTIMISATION ET DE DIMENSIONNEMENT POUR LES MACHINES THERMOACOUSTIQUES 102

4.1 Algorithme d'optimisation et de dimensionnement 103

4.2 Optimisation du stack de plaques planes en parallèles d'un moteur thermoacoustique à onde stationnaire. 105

4.2.1 Optimisation de l'efficacité éxergétique du stack ηex 107

4.2.2 Optimisation de la puissance acoustique produite par le stack W 110

4.2.3 Optimisation du produit de l'efficacité éxergétique du stack par la puissance acoustique produite par le stack $\eta ex \times W$ 112

4.3 Optimisation d'un moteur thermoacoustique à onde stationnaire pour 5 stacks différents 115

4.3.1 Optimisation de l'efficacité éxergétique fois la puissance acoustique $\eta ex \times W$ 116

4.4 Méthode de couplage thermoacoustique électrique optimisé 121

4.5 Conclusions 125

CONCLUSIONS GENERALES ET PERSPECTIVES 127

PRINCIPE PHYSIQUE DE FONCTIONNEMENT DES REFRIGERATEURS THERMOACOUSTIQUES 134

A.1 Cas d'un régénérateur ($r_h << \delta_t$) 134

A.1.1 Régénérateur dans un réfrigérateur thermoacoustique à onde stationnaire 134

A.1.2 Régénérateur dans un réfrigérateur thermoacoustique à onde progressive 136

A.1.3 Régénérateur dans un réfrigérateur à onde mixte stationnaire/progressive 139

A.2 Cas d'un stack ($r_h \sim \delta_t$) 139

A.2.1 Stack dans un réfrigérateur à onde stationnaire 139

A.2.2 Stack dans un réfrigérateur à onde progressive 141

A.2.3 Stack dans un réfrigérateur à onde mixte stationnaire/progressive 144

A.3 Cas d'un rayon hydraulique très supérieure à l'épaisseur de la couche limite thermique $r_h \gg \delta_t$ 144

BIBLIOGRAPHIES 146

LISTE DES TABLEAUX

Tableau   Page

Tableau 3.1. Paramètres adimensionnels 77

Tableau 3.2. Valeurs des paramètres fixes 80

Tableau 3.3. Paramètres de la méthode d'optimisation par essaims particulaire 89

Tableau 3.4. Résultats d'optimisation de l'efficacité éxergétique 92

Tableau 3.5. Résultats d'optimisation de la puissance acoustique 94

Tableau 3.6. Résultats d'optimisation de l'efficacité éxergétique fois la puissance acoustique 97

Tableau 4.1. Domaine de recherche pour les paramètres de conception 107

Tableau 4.2. Paramètres de la méthode d'optimisation par essaims particulaire 107

Tableau 4.3. Résultats d'optimisation de l'efficacité éxergétique du stack 109

Tableau 4.4. Résultats d'optimisation de la puissance acoustique produite par le stack 111

Tableau 4.5. Résultats d'optimisation de l'efficacité éxergétique fois la puissance acoustique du stack de plaques en parallèles 113

Tableau 4.6. Résultats d'optimisation du produit de l'efficacité éxergétique du stack par la puissance acoustique produite par le stack pour les 5 différents stacks 118

LISTE DES FIGURES

Figure   Page

Figure 1.1. a) Tube de Rijke. b) Tube de Sondhauss. 8

Figure 1.2. Réfrigérateur à tube à gaz pulsé 11

Figure 1.3. Réfrigérateur thermoacoustique d'Hofler 12

Figure 1.4. Moteur thermoacoustique à onde stationnaire 15

Figure 1.5. Moteur thermoacoustique à onde stationnaire couplé à un générateur MHD 17

Figure 1.6. Moteur thermoacoustique à onde stationnaire qui utilise le gaz de l'Hélium comme un fluide de fonctionnement [54] 18

Figure 1.7. Moteur thermoacoustique à onde stationnaire couplé à un réfrigérateur à tube à gaz pulsé [63] 19

Figure 1.8. Différentes formes des stacks 20

Figure 1.9. Moteur Stirling 22

Figure 1.10. Moteur thermoacoustique à onde progressive avec un stack [111] 23

Figure 1.11. Moteur thermoacoustique à onde progressive de Swift et Backhaus [112], [63] 24

Figure 1.12. Moteur thermoacoustique à cascade [131] 27

Figure 1.13. Réfrigérateur à tube à gaz pulsé 29

Figure 1.14. Principe de fonctionnement d'un moteur thermoacoustique avec un régénérateur et un gradient thermique inférieur à la valeur critique 32

Figure 1.15. Principe de fonctionnement d'un moteur thermoacoustique à onde stationnaire avec un régénérateur 34

Figure 1.16. Principe de fonctionnement d'un moteur thermoacoustique à onde progressive avec un régénérateur 36

Figure 1.17. Principe de fonctionnement d'un moteur thermoacoustique à onde stationnaire avec un stack 40

Figure 1.18. Principe de fonctionnement d'un moteur thermoacoustique à onde progressive avec un stack 42

Figure 2.1. Canal de plaques en parallèle 55

Figure 2.2. Canal de pore circulaire 56

Figure 2.3. Canal de pore triangulaire équilatéral 56

Figure 2.4. Canal de pore rectangulaire 57

Figure 2.5. Canal de pin-array 58

Figure 2.6. Bilan d'énergie dans un moteur thermoacoustique. Représentation des échanges du système à gauche. Représentation des flux axiaux à droite. 62

Figure 2.7. Bilan d'énergie dans un réfrigérateur thermoacoustique. Représentation des échanges du système à gauche. Représentation des flux axiaux à droite. 63

Figure 2.8. Moteur thermoacoustique 66

Figure 3.1. Stack en canaux de plaques en parallèles d'un moteur thermoacoustique 78

Figure 3.2. Optimisation paramétrique de l'efficacité éxergétique en fonction de la puissance acoustique adimensionnelle produite par le stack avec l'hélium comme fluide de fonctionnement 81

Figure 3.3. Optimisation paramétrique de l'efficacité éxergétique en fonction de la puissance acoustique adimensionnelle produite par le stack avec l'air comme fluide de fonctionnement 82

Figure 3.4. Organigramme de la méthode d'optimisation par essaims particulaires 87

Figure 3.5. Frontière de Pareto 88

Figure 3.6. Evolution de l'optimisation de l'efficacité éxergétique du stack d'un moteur thermoacoustique qui fonctionne avec l'air. La solution optimale globale à la convergence est $\eta ex = 50.14\%$ pour $xc* = 0.011$; $rh = 0.150\ mm$; $\tau = 0.5$ 91

Figure 3.7. Evolution de l'optimisation de l'efficacité éxergétique du stack d'un moteur thermoacoustique qui fonctionne avec l'hélium. La solution optimale globale à la convergence est $\eta ex = 74.94\%$ pour $xc* = 0.464$; $rh = 0.150\ mm$; $\tau = 0.5$ 91

Figure 3.8. Evolution de l'optimisation de la puissance acoustique du stack d'un moteur thermoacoustique qui fonctionne avec l'air. La solution optimale globale à la convergence est $\Delta W *= 0.001188$ pour $xc *= 0.2$; $rh = 0.291\ mm$; $\tau = 1$ 93

Figure 3.9. Evolution de l'optimisation de la puissance acoustique du stack d'un moteur thermoacoustique qui fonctionne avec l'hélium. La solution optimale globale à la convergence est $\Delta W *= 0.001228$ pour $xc *= 0.15$; $rh = 0.293\ mm$; $\tau = 1$ 93

Figure 3.10. Evolution de l'optimisation de l'efficacité éxergétique fois la puissance acoustique du stack d'un moteur thermoacoustique qui fonctionne avec l'air. La solution optimale globale à la convergence est $\eta ex \times \Delta W *= 0.000063$ pour $xc *= 0.0516$; $rh = 0.150\ mm$; $\tau = 0.61$ 96

Figure 3.11. Evolution de l'optimisation de l'efficacité éxergétique fois la puissance acoustique du stack d'un moteur thermoacoustique qui fonctionne avec l'hélium. La solution optimale globale à la convergence est $\eta ex \times \Delta W * = 0.0000988$ pour $xc *= 0.0587$; $rh = 0.150\ mm$; $\tau = 0.63$ 96

Figure 4.1. Modèle d'un moteur thermoacoustique à onde stationnaire à optimiser 105

Figure 4.2. Evolution de l'optimisation de l'efficacité éxergétique du stack 109

Figure 4.3. Frontière de Pareto lors de l'optimisation de l'efficacité éxergétique du stack 110

Figure 4.4. Evolution de l'optimisation de la puissance acoustique produite par le stack 111

Figure 4.5. Frontière de Pareto lors de l'optimisation de la puissance acoustique produite par le stack 112

Figure 4.6. Evolution de l'optimisation de l'efficacité éxergétique fois la puissance acoustique du stack de plaques en parallèles 113

Figure 4.7. Frontière de Pareto lors de l'optimisation du produit de l'efficacité éxergétique du stack par la puissance acoustique produite par le stack 115

Figure 4.8. Evolution de l'optimisation du produit de l'efficacité éxergétique du stack par la puissance acoustique produite par le stack pour les 5 différents stacks 117

Figure 4.9. Une matrice de macro-moteur thermoacoustiques 120

Figure 4.10. Schéma de couplage entre un moteur thermoacoustique et un générateur électrique linéaire 121

Figure 4.11. Système du générateur électrique linéaire (Masse-Ressort-Amortisseur) 122

Figure A.1. Principe de fonctionnement d'un réfrigérateur thermoacoustique à onde stationnaire avec un régénérateur 135

Figure A.2. Principe de fonctionnement d'un réfrigérateur thermoacoustique à onde progressive avec un régénérateur 138

Figure A.3. Principe de fonctionnement d'un réfrigérateur thermoacoustique à onde stationnaire avec un stack 140

Figure A.4. Principe de fonctionnement d'un réfrigérateur thermoacoustique à onde progressive avec un stack 143

LISTE DES SYMBOLES

Lettres		Unité
A	Surface transversale de gaz	m^2
A_s	Surface transversale de solide (Eq. 2.43)	m^2
a	Longueur (partie 2.2.3)	m
b	Largeur (partie 2.2.3)	m
C_{ce}	Coefficient d'amortissement de type visqueux	
C_{cp}	Coefficient d'amortissement de type frottement mécanique	
C_{mnt}	Constante thermique (Eq. 2.36)	
C_{mnv}	Constante visqueuse (Eq. 2.36)	
c	Vitesse de son dans le gaz (Eq. 2.1)	$m.s^{-1}$
c_a	Vitesse du son à la température ambiante (Eq. 3.3)	$m.s^{-1}$
c_{pg}	Capacité thermique massique de gaz à pression constante	$J.Kg^{-1}.K^{-1}$
D	Diamètre de résonateur	m
Dr	Drive ratio (Eq. 3.2)	
e	Energie massique totale	$J.Kg^{-1}$
f	Fonction à optimiser (Eq. 3.13)	
fr	Fréquence	Hz
$\vec{f}$	Résultante des forces massiques s'exerçant sur un fluide	$N.Kg^{-1}$
g	Fonction géométrique de Rott (Eq. 2.41)	
g_t	Fonction géométrique thermique de Rott (Eq. 2.23) (partie 2.2.3)	
g_v	Fonction géométrique visqueuse de Rott (Eq. 2.23) (partie 2.2.3)	
H	Puissance enthalpique totale (Eq. 2.43)	W
h	Enthalpie massique de gaz (Eq. 2.1)	$J.Kg^{-1}$
h_2	Fluctuations de l'enthalpie massique de gaz (Eq. 2.1)	$J.Kg^{-1}$
h_a	Enthalpie massique acoustique de gaz (Eq. 2.1)	$J.Kg^{-1}$
h_t	Enthalpie massique totale (Eq. 2.14)	$J.Kg^{-1}$
h_t	Fonction géométrique thermique de Rott (Eq. 2.22)	
h_v	Fonction géométrique visqueuse de Rott (Eq. 2.22)	
$\bar{h}_g$	Enthalpie massique moyenne de gaz (Eq. 2.1)	$J.Kg^{-1}$
i	Unité imaginaire d'un nombre complexe (Eq. 2.1)	
i	Numéro de pas de discrétisation (Eq. 3.6)	
i	Numéro de la particule de l'essaim (Eq. 3.13)	
J_0	Fonction de Bessel de première espèce d'ordre 0 (Eq. 2.34)	
J_1	Fonction de Bessel de première espèce d'ordre 1 (Eq. 2.34)	
j	Numéro d'itération (partie 3.3.1)	
K	Diffusivité thermique de gaz (Eq. 2.32)	$m^2.s^{-1}$
K	Nombre d'itérations (partie 3.3.1)	
k	Conductivité thermique de gaz (Eq. 2.1)	$W.m^{-1}K^{-1}$
k	Raideur d'un ressort (Eq. 4.2)	$N.m^{-1}$
k_a	Nombre d'onde acoustique à la température ambiante (Eq. 3.1)	
k_{eq}	Raideur équivalent	$N.m^{-1}$
k_s	Conductivité thermique du solide (Eq. 2.43)	$W.m^{-1}K^{-1}$
L	Longueur d'un canal (p.45)	m
L	Longueur de stack (Eq. 3.6)	m

$L_{éch}$	Longueur d'un échangeur (Eq. 2.56)	m
l_c	Longueur de la zone chaude du résonateur	m
l_s	Longueur de stack	m
$\bar{M}$	Masse molaire	Kg/mol
m	Nombre impaire (Eq. 2.36)	
m_p	Masse de piston	Kg
N	Nombre de pas de discrétisation (Eq. 3.6)	
N	Nombre de paramètres de conception à optimiser (Eq. 3.13)	
n	Nombre impaire (Eq. 2.36)	
n	Quantité de matière de gaz	mol
$O()$	Grand O de la notation de Landau	
$o()$	Petit o de la notation de Landau	
P	Amplitude maximale de la pression acoustique de gaz (Eq. 3.1)	Pa
P	Nombre de particules de l'essaim (partie 3.3.1)	
Pr	Nombre de Prandtl (Eq. 2.22)	
p	Pression de gaz (Eq. 2.1)	Pa
p_2	Fluctuations de la pression de gaz (Eq. 2.1)	Pa
p_a	Pression acoustique de gaz (Eq. 2.1)	Pa
p_p	Pression derrière le piston	Pa
$\bar{p}_g$	Pression moyenne de gaz (Eq. 2.1)	Pa
Q	Puissance thermique portée par un fluide (Eq. 2.46)	W
$Q_{a,m}$	Puissance thermique transférée à l'échangeur froid du moteur (Eq. 2.52)	W
$Q_{a,r}$	Puissance thermique transférée à l'échangeur chaud du réfrigérateur (Eq. 2.54)	W
Q_c	Puissance thermique transférée à l'échangeur chaud du moteur (Eq. 2.52)	W
Q_{cond}	Puissance thermique perdue par conduction thermique (Eq. 2.46)	W
Q_f	Puissance thermique transférée à l'échangeur froid du réfrigérateur (Eq. 2.54)	W
q_r	Densité volumique de flux thermique due au rayonnement (Eq. 2.14)	$W.m^{-3}$
$\vec{q}$	Densité de flux thermique totale (Eq. 2.14)	$W.m^{-2}$
R	Constante universelle des gaz	$J.mol^{-1}.K^{-1}$
r	Constante thermodynamique de gaz (Eq. 2.2)	$J.Kg^{-1}.K^{-1}$
r_0	Rayon entre aiguilles (partie 2.2.3.6)	m
r_h	Rayon hydraulique (rapport section de passage et périmètre)	m
r_i	Rayon d'aiguille (partie 2.2.3.6)	m
r_t	Résistance thermique (Eq. 2.41)	$Pa.s.m^{-4}$
r_v	Résistance visqueuse (Eq. 2.41)	$Pa.s.m^{-4}$
s	Entropie massique de gaz (Eq. 2.1)	$J.Kg^{-1}.K^{-1}$
s_2	Fluctuations de l'entropie massique de gaz (Eq. 2.1)	$J.Kg^{-1}.K^{-1}$
s_a	Entropie massique acoustique de gaz (Eq. 2.1)	$J.Kg^{-1}.K^{-1}$
$\bar{s}_g$	Entropie massique moyenne de gaz (Eq. 2.1)	$J.Kg^{-1}.K^{-1}$
T	Température de gaz (Eq. 2.1)	K
T_2	Fluctuations de la température de gaz (Eq. 2.1)	K
T_a	Température acoustique de gaz (Eq. 2.1)	K
T_a	Température ambiante de solide	K
T_c	Température chaude de solide	K

$T_{critique}$	Température critique de solide	K
T_f	Température froide de solide	K
T_s	Température de solide	K
$\bar{T}_g$	Température moyenne de gaz (Eq. 2.1)	K
t	Temps (Eq. 2.1)	s
U	Débit volumique axial de gaz (Eq. 2.1)	$m^3.s^{-1}$
U_2	Fluctuations du débit volumique axial de gaz (Eq. 2.1)	$m^3.s^{-1}$
U_a	Débit volumique acoustique axial de gaz (Eq. 2.1)	$m^3.s^{-1}$
$\vec{U}_1(0,1)$	Vecteur de dimension N de valeurs aléatoires entre 0 et 1 (Eq. 3.14)	
$\vec{U}_2(0,1)$	Vecteur de dimension N de valeurs aléatoires entre 0 et 1 (Eq. 3.14)	
u	Abscisse de la vitesse de gaz (Eq. 2.1)	$m.s^{-1}$
u_2	Fluctuations de l'abscisse de la vitesse de gaz (Eq. 2.1)	$m.s^{-1}$
u_a	Abscisse de la vitesse acoustique de gaz (Eq. 2.1)	$m.s^{-1}$
$\vec{u}$	Vitesse de gaz	$m.s^{-1}$
$\vec{u}^t$	Transposée de la vitesse de gaz	$m.s^{-1}$
V	Volume de gaz	m^3
V_p	Volume de gaz derrière le piston	m^3
v	Ordonnée de la vitesse de gaz	$m.s^{-1}$
$\vec{v}$	vitesse d'une particule de l'essaim (Eq. 3.14)	
W	Puissance acoustique (Eq. 2.39)	W
w	Cote de la vitesse de gaz	$m.s^{-1}$
X	Position axiale de gaz	m
X_{SPR}	Format du rectangle (Eq. 2.37)	
X_{SPA}	Rapport des rayons (partie 2.2.3.6)	
x	Abscisse du repère cartésien	
x_c	Position du centre de Stack (Eq. 3.7)	m
x_{ci}	Position du centre de pas de numéro i de discrétisation (Eq. 3.6)	m
x_{eff}	Longueur effectif (Eq. 2.56)	m
x_{GEL}	Position de couplage thermoacoustique électrique	m
x_p	Position du piston (Eq. 4.2)	m
$\vec{x}$	Vecteur unité de l'abscisse du repère cartésien	
$\vec{x}$	Position d'une particule de l'essaim dans $\mathbb{R}^N$ (Eq. 3.13)	
Y_0	Fonction de Bessel de deuxième espèce d'ordre 0 (Eq. 2.38)	
Y_1	Fonction de Bessel de deuxième espèce d'ordre 1 (Eq. 2.38)	
y	Ordonnée du repère cartésien	
y_{eff}	Largeur effectif (Eq. 2.56)	m
$\vec{y}$	Vecteur unité de l'ordonnée du repère cartésien	
Z_m	Impédance mécanique (Eq. 4.1)	$Pa.m.s$
z	Cote du repère cartésien	
z	Nombre complexe (Eq. 2.38)	
$\vec{z}$	Vecteur unité de la cote du repère cartésien	

Lettres grecques

γ	Rapport entre les capacités thermiques massiques à pression et à volume constante (Eq. 2.30)	
Δ	Différence (Eq. 3.6)	

δ_t	Epaisseur de la couche limite thermique	m
δ_v	Epaisseur de la couche limite visqueuse	m
ϵ	Energie massique interne	$J.Kg^{-1}$
ζ	Deuxième viscosité dynamique de gaz	$Kg.m^{-1}.s^{-1}$
η_{ex}	Efficacité éxergétique	
$\eta_{ex,m}$	Efficacité éxergétique d'un moteur (Eq. 2.57)	
$\eta_{ex,r}$	Efficacité éxergétique d'un réfrigérateur (Eq. 2.57)	
$\bar{\bar{I}}$	Tenseur unité	
λ	Longueur d'onde	m
λ_a	Longueur d'onde à la température ambiante (Eq. 3.3)	m
μ	Viscosité dynamique de gaz (Eq. 2.1)	$Kg.m^{-1}.s^{-1}$
ξ	Porosité	
ξ_a	Déplacement axial de gaz (Eq. 2.56)	m
π	Pi = 3.14159… (Eq. 2.36)	
ρ	Masse volumique de gaz (Eq. 2.1)	$Kg.m^{-3}$
ρ_2	Fluctuations de la masse volumique de gaz (Eq. 2.1)	$Kg.m^{-3}$
ρ_a	Masse volumique acoustique de gaz (Eq. 2.1)	$Kg.m^{-3}$
$\bar{\rho}_g$	Masse volumique moyenne de gaz (Eq. 2.1)	$Kg.m^{-3}$
τ	Taux d'onde acoustique « progressive/stationnaire » (Eq. 3.1)	
$\bar{\bar{\tau}}$	Tenseur des contraintes visqueuses (Eq. 2.13)	Pa
υ	Viscosité cinématique de gaz (Eq. 2.32)	$m^2.s^{-1}$
ϕ_p	Phase de la pression acoustique (Eq. 2.39)	$degré$
ϕ_U	Phase du débit volumique acoustique axial de gaz (Eq. 2.39)	$degré$
ω	Fréquence angulaire (Eq. 2.1)	$rad.s^{-1}$
ω_p	Fréquence propre de piston	$rad.s^{-1}$

Opérateurs et autres symboles

$\Re$	Partie réelle d'un nombre complexe (Eq. 2.1)
$\Im$	Partie imaginaire d'un nombre complexe (Eq. 2.45)
d	Différentielle (Eq. 2.39)
$\frac{d}{dx}$	Différentielle totale par rapport à l'abscisse x
$\frac{\partial}{\partial x}$	Dérivée partielle par rapport à l'abscisse x
$\frac{\partial}{\partial t}$	Dérivée partielle par rapport au temps
$\frac{\partial}{\partial y}$	Dérivée partielle par rapport à l'ordonnée y
$\frac{\partial}{\partial z}$	Dérivée partielle par rapport à la cote z
$\frac{\partial^2}{\partial y^2}$	Dérivée partielle d'ordre 2 par rapport à l'ordonnée y
$\frac{\partial^2}{\partial z^2}$	Dérivée partielle d'ordre 2 par rapport à la cote z
$\vec{\nabla}.$	Divergence (Eq. 2.12)
$\otimes$	Produit tensoriel de deux vecteurs (Eq. 2.13)
$\vec{\nabla}$	Gradient (Eq. 2.13)
Δ	Laplacien (Eq. 2.18)
$<>$	Moyenne spatiale transversale (Eq. 2.23)
e	Exponentielle (Eq. 2.1)
$\sqrt{}$	Racine carré (Eq. 2.32)
$tanh$	Tangente hyperbolique (Eq. 2.33)
$coth$	Cotangente hyperbolique (Eq. 2.35)

$\sum$	Somme (Eq. 2.36)
$\oint$	Intégrale pendant un cycle acoustique de fréquence angulaire ω (Eq. 2.39)
$\sim$	Tilde - Partie conjuguée d'un nombre complexe (Eq. 2.39)
$\|\ \|$	Amplitude d'un nombre complexe (Eq. 2.39)
$\int_A$	Intégrale à travers la surface transversale
$\min[]$	Minimum (Eq. 2.56)
$*$	Nombre adimensionnel (Eq. 3.2)
$\mathbb{R}$	Ensemble de nombre réels (Eq. 3.13)
g	Global (partie 3.3.1)
$best$	Meilleur (partie 3.3.1)
min	Minimum (partie 3.3.1)
max	Maximum (partie 3.3.1)

INTRODUCTION GENERALE

La thermoacoustique est un domaine de la physique qui comme son nom l'indique est à mi chemin entre la thermodynamique et l'acoustique car elle combine les transferts thermiques et les phénomènes des ondes acoustiques pour faire réaliser des cycles thermodynamiques adéquats à des particules de gaz. L'effet de conversion thermoacoustique de l'énergie est ici interprété via les transferts thermiques entre un fluide et une paroi solide. On distinguera alors les deux cas de conversion énergétique :

1) l'effet moteur : lorsqu'un gradient thermique suffisamment grand est établi le long de la paroi solide, une instabilité hydrodynamique se crée, le fluide commence à osciller en générant une onde acoustique ;

2) l'effet pompage de chaleur : lorsqu'une onde acoustique traverse le fluide, un gradient thermique s'établit progressivement le long de la paroi avec une température qui baisse (parfois jusqu'à des températures cryogéniques) d'un côté et une température augmentant de l'autre côté. Si la température chaude est maintenue proche de la température ambiante, on a donc production d'une puissance frigorifique à la source froide.

Le phénomène de conversion thermoacoustique de l'énergie a été expliqué qualitativement vers la fin du 18ème siècle. Cependant, la révolution dans ce domaine a été faite dans les années 1970 avec le développement de la théorie thermoacoustique linéaire. Grâce à cette théorie, de nombreux codes de simulation pour concevoir, dimensionner et optimiser des machines thermoacoustiques ont pu être développés et nombres de machines construites.

Actuellement, l'intérêt pour les moteurs ou les réfrigérateurs thermoacoustiques augmente constamment grâce aux nombreux avantages que ces machines présentent :

1) elles ne contiennent pas de composants mécaniques mobiles ; elles ont par conséquent une durée de vie et une fiabilité élevées ;

2) elles utilisent généralement de l'air, de l'hydrogène ou des gaz rares et sont donc écologiques ; elles peuvent en outre utiliser une large plage de température puisque les gaz en question n'ont pas de phases de transition aux températures qui nous intéressent ;

3) elles ont une structure simple ; donc elles n'ont pas besoin de matériaux spéciaux ; elles sont donc peu onéreuses et faciles à fabriquer ;

4) elles peuvent profiter directement de n'importe quelle source thermique comme par exemple de l'énergie solaire, de l'énergie fossile, de l'énergie thermique perdue, etc. ;

5) elles peuvent être utilisées dans une large gamme d'applications comme par exemple la production d'électricité, la climatisation, le refroidissement, la liquéfaction, la cogénération, la trigénération, etc.

L'optimisation des machines thermoacoustiques (géométrie ou paramètres de fonctionnement) permet de réduire énormément le nombre des prototypes à réaliser pour valider les hypothèses de conception et de dimensionnement. Autrement dit, l'optimisation réduit le temps et le coût de réalisation d'un prototype de machine tout en recherchant l'amélioration de la performance énergétique de cette machine. Ainsi, l'optimisation est une phase essentielle avant la réalisation d'une machine thermoacoustique. Cependant, vue qu'une optimisation globale nécessite un temps de calcul très élevé et est quasiment irréalisable, les optimisations qu'on trouve dans la littérature sont souvent uniquement mono-objectif paramétrique. On optimise une seule fonction, telle que l'efficacité ou la puissance d'une machine thermoacoustique, qui dépend de la variation d'un nombre très limité des paramètres de conception de la machine.

L'objectif de cette thèse est de permettre l'étude des performances d'un système de génération de l'électricité dans le cadre d'un couplage entre un moteur thermoacoustique et un générateur électrique linéaire. Mais, pour avoir un couplage optimisé, il faut tout d'abord avoir un moteur thermoacoustique avec une efficacité et une puissance élevée. Ceci nécessite une optimisation multiobjectif, dépendante de tous les paramètres de conception du moteur.

Afin de surmonter le problème d'irrréalisabilité de ce genre d'optimisation en raison du temps de calculs trop important, la méthode d'optimisation par essaims particulaires est ainsi introduite pour la première fois en thermoacoustique. Par conséquent, un nouvel algorithme d'optimisation pour les machines thermoacoustiques est développé ici. Cet algorithme, qui introduit la théorie thermoacoustique linéaire dans la méthode d'optimisation par essaims particulaires, optimise simultanément l'efficacité et la puissance d'une machine thermoacoustique en fonction de tous les paramètres de conception en un temps de calcul très raisonnable. A partir des résultats optimisés d'un moteur thermoacoustique, une méthode pour concevoir et dimensionner un générateur électrique linéaire adéquat est présentée.

La thèse est organisée comme suit :

Dans le chapitre 1, une étude bibliographique détaillée de la conversion thermoacoustique est présentée ainsi qu'une description qualitative qui explique l'effet thermoacoustique et le fonctionnement de chaque type de machine thermoacoustique est réalisée. Elle résume les pas importants du développement de la technologie dans le domaine de la thermoacoustique en commençant par les premières observations, puis en passant par sa description qualitative suivi par sa description quantitative. L'établissement de la théorie thermoacoustique linéaire sera décrite ; nous terminons par les réalisations de machines thermoacoustiques pour des applications diverses.

Dans le chapitre 2, l'utilisation des approximations de Rott dans les équations de Navier-Stokes et du gaz parfait amenant à la théorie thermoacoustique dite « linéaire » sont abordées. De même, nous présentons les principes liés à la thermodynamique interne. La démarche utilisée dans les codes de simulation pour concevoir et dimensionner les machines thermoacoustiques est expliquée ; elle est suivie par une étude bibliographique sur les méthodes d'optimisation en thermoacoustique. Les difficultés rencontrées dans l'emploi des méthodes d'optimisation en thermoacoustique sont mises en évidence, expliquant le fait que ces méthodes se réduisent souvent à des optimisations mono-objectif paramétrique.

Dans le chapitre 3, un modèle thermoacoustique adimensionnel simple est développé. A partir de ce modèle, deux études différentes pour optimiser l'efficacité et la puissance du noyau (stack et échangeurs chaud et froid) d'un moteur thermoacoustique en fonction de trois paramètres de conception (le taux d'onde acoustique, le rayon hydraulique du noyau et la position du noyau dans un résonateur) sont présentées et comparées. La première étude est une optimisation mono-objectif paramétrique ressemblant aux études d'optimisation existantes dans la littérature et permet la validation des équations du modèle développé. La seconde étude est une optimisation basée sur la méthode d'optimisation par essaims particulaires. L'algorithme de la méthode d'optimisation par essaims particulaires ainsi que des notions de base sur l'optimisation multiobjectif sont expliqués. Par comparaison des deux études, les avantages de la méthode d'optimisation par essaims particulaires en thermoacoustique sont alors démontrés.

Dans le chapitre 4, un nouvel algorithme d'optimisation et de dimensionnement pour les machines thermoacoustiques est développé. L'algorithme est basé sur la méthode d'optimisation par essaims particulaires et il utilise la théorie thermoacoustique linéaire, c'est-à-dire qu'il ne nécessite plus d'imposer les champs acoustique et la distribution de la température dans le stack. Ceci permet de faire une optimisation mono-objectif et multiobjectif en fonction de tous les paramètres de conception recensés de la machine thermoacoustique à optimiser en un temps de calcul très raisonnable. Des conclusions importantes pour la construction d'un moteur thermoacoustique à onde stationnaire en vue de la génération d'électricité avec une efficacité et une puissance simultanément élevées sont présentées. De plus, des conceptions innovantes applicables à des moteurs thermoacoustiques sont élaborées.

Enfin, nous présenterons une conclusion générale sur l'utilisation de la méthode d'optimisation par essaims particulaires en thermoacoustique. De nouvelles perspectives de recherche en vue de l'amélioration des machines thermoacoustiques sont évoquées.

CHAPITRE 1

INTODUCTION A LA THERMOACOUSTIQUE

1.1 Introduction

Le phénomène thermoacoustique a été étudié depuis bien longtemps, plus précisément dès 1770. A cette époque, Byron Higgins [1] semble avoir fait la première observation de ce phénomène (en 1777). Il a remarqué que lorsque l'on place une flamme de diffusion d'hydrogène dans un grand tube ouvert aux deux extrémités, l'équivalent d'un tuyau d'orgue, ce dernier commence à « chanter ». Il a noté que la production d'une onde acoustique dépend de la position de la flamme dans le tube. Plus tard, en 1859, Rijke [2] a étudié un dispositif thermoacoustique, connu sous le nom de tube de Rijke (voir la Figure 1.1. a). Ce dispositif est similaire à ce qui a été étudié par Higgins sauf que Rijke a ajouté une grille métallique dans le tube. Il a constaté que la production d'une onde acoustique ne se fait que lorsque le tube est en position verticale et que la flamme est en bas du tube. Du coup, il a conclu que le flux de chaleur transmis par la convection naturelle du bas vers le haut du tube cause la production de l'onde acoustique. De plus, il a montré que l'intensité de l'onde acoustique est maximale lorsque la grille est placée à un quart de tube par rapport au bas de ce dernier. Plus tard, Feldman [3] a réalisé une synthèse des travaux effectués sur le tube de Rijke.

Un autre dispositif thermoacoustique a été présenté par Sondhauss [4] en 1850. Ce dispositif, connu sous le nom de tube de Sondhauss, n'est qu'un tube fermé à une extrémité par un volume donné et simplement ouvert à l'autre extrémité (voir la Figure 1.1. b). Il suffit de chauffer l'extrémité fermée du tube pour produire une onde acoustique. Sondhauss a aussi noté que la fréquence de résonance du tube dépend de sa longueur et du volume à son extrémité fermée. Il a également remarqué que l'intensité de l'onde acoustique est proportionnelle à l'intensité de la flamme. Plus tard, Rott [5] a noté que les travaux de Sondhauss se basaient sur les études du Dr. Castberg publiées dans le journal « Gilberts Annalen der physik » (1804, Vienne).

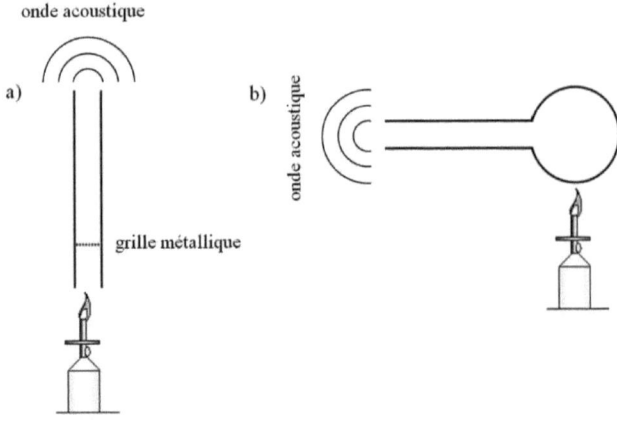

Figure 1.1. a) Tube de Rijke. b) Tube de Sondhauss.

En 1868, afin de trouver une explication théorique au phénomène observé à l'aide du tube de Sondhauss, Kirchhoff [6] a initié la théorie thermoacoustique en calculant l'atténuation de l'onde acoustique dans un tube. Celle-ci due au caractère périodique du transfert de chaleur entre les parois isothermes du tube et le gaz supportant l'onde acoustique. Autrement dit, Kirchhoff a calculé l'atténuation de l'onde acoustique due aux couches limites thermique et visqueuse dans un tube ayant des parois isothermes. Kirchhoff a utilisé ses résultats de calcul pour étudier l'atténuation de l'onde acoustique dans un tube de rayon supérieur aux épaisseurs de couches limites thermique et visqueuse. Ces couches limites ont été considérées comme des couches minces de fluide près des parois.

En se basant sur le calcul de Kirchhoff, Rayleigh [7] étudia l'atténuation de l'onde acoustique dans des tubes de rayon de l'ordre de grandeur des couches limites thermiques et visqueuses. Cette étude permit à Rayleigh, en 1878, de donner la première explication qualitative précise du fonctionnement du tube de Sondhauss et donc, de l'effet thermoacoustique :

> *Si la chaleur est donnée à l'air au moment de sa condensation, ou elle est rejetée de l'air au moment de sa dilatation, la vibration de l'air est encouragée[1].*

En 1896, Rayleigh [8] a illustré en détails son explication qualitative du phénomène thermoacoustique dans son livre « la théorie du son » en analysant l'influence de la différence de phase entre les oscillations de température et de pression sur l'amplification de l'onde acoustique.

Les oscillations «*Taconis* » qui peuvent générer un bruit aigu, sont un autre exemple de l'effet thermoacoustique rencontré dans la cryogénie. Cette dénomination s'applique pour une amplitude de l'oscillation de pression de l'ordre de 10^4 Pa ou même plus. De telles oscillations avec des amplitudes élevées ont été observées par Taconis [9] en 1949 alors qu'il travaillait dans le domaine cryogénique. Plus précisément, ces oscillations ont été obtenues après avoir imposé un gradient thermique entre la température ambiante et une température cryogénique d'environ 2 K dans un tube de verre rempli d'Hélium. Taconis donna alors une explication qualitative du phénomène observé qui est essentiellement similaire à celle donnée par Rayleigh.

Motivé par les travaux de Taconis et en se basant sur les calculs de Kirchhoff, Kramers [10] a cherché à développer la théorie thermoacoustique. Il a dérivé des équations

---

[1]Un extrait en anglais de la reference [8]: "For the sake of simplicity, a simple tube, hot at the closed end and getting gradually cooler towards the open end, may be considered. At a quarter of a period before the phase of greatest condensation ...the air is moving inwards, ...and therefore is passing from colder to hotter parts of the tube; but the heat received at this moment (of normal density) has no effect either in encouraging or discouraging the vibration. The same would be true of the entire operation of the heat, if the adjustment of temperature were instantaneous, so that there was never any sensible difference between the temperatures of the air and of the neighboring parts of the tube. But in fact the adjustment of temperature takes time, and thus temperature of the air deviates from that of the neighboring parts of the tube, inclining towards the temperature of that part of the tube from which the air has just come. From this it follows that at the phase of greatest condensation heat is received by the air, and at the phase of greatest rarefaction heat is given up from it, and thus there is a tendency to maintain the vibrations."

à partir de la théorie thermoacoustique linéaire afin d'expliquer la production d'une onde acoustique dans un tube ayant un gradient thermique pariétal et axial. Cependant, sa théorie ne s'accordait pas avec les résultats expérimentaux à cause des simplifications incorrectes qu'il avait appliquées. En 1954, Clement et Gaffney [11] ont publié plusieurs observations sur les oscillations Taconis. Plus tard, Yazaki [12–14] a fait une série de mesures expérimentales sur les oscillations Taconis.

Un avancement remarquable dans les applications expérimentales en thermoacoustique a été réalisé par Carter [15] en 1962. Il a introduit une structure poreuse, i.e. un « stack » ou empilement en français (cet organe sera défini par la suite), dans le tube de Sondhauss ce qui a permis d'améliorer sa performance thermoacoustique. Feldman [16] a indiqué que les travaux de Carter ont été les premières expériences sur le tube de Sondhauss depuis 1917. L'idée de Carter a inspiré Feldman [17] dans ses recherches sur les ondes acoustiques dans un tube de Sondhauss. Ce dernier réussit à produire une onde acoustique de 27 W de puissance à partir d'une quantité de chaleur de 600 W.

Jusqu'en 1966, l'observation du phénomène thermoacoustique a surtout été faite sur des moteurs thermoacoustiques, c'est à dire sur des systèmes produisant une onde acoustique à partir d'une source thermique. Durant cette même année, Gifford et Longsworth [18] ont accidentellement réussi à produire du froid en appliquant une onde acoustique sur un gaz contenu dans un tube et cela au moyen d'un signal carré de haute amplitude et de basse fréquence appliqué à un générateur de pression. Leur dispositif, qui est connu sous le nom de « *refroidisseur à tube à gaz pulsé* » (voir la Figure 1.2), a permis de baisser la température d'une extrémité depuis la température ambiante jusqu'à la température de 150 K. En fait, le « tube à gaz pulsé » est considéré comme un tube de Sondhauss sauf que dans ce type de dispositif, on applique une onde acoustique pour pomper de la chaleur. A l'inverse dans un tube de Sondhauss, on applique un gradient thermique pour produire une onde acoustique.

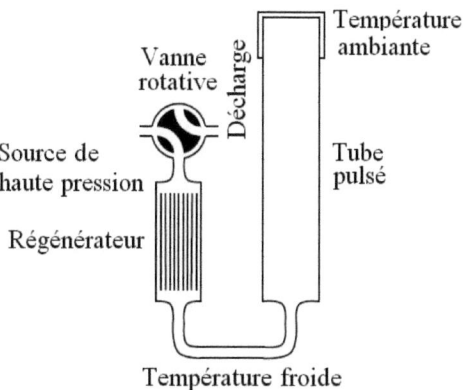

Figure 1.2. Réfrigérateur à tube à gaz pulsé

La révolution dans le domaine thermoacoustique est due aux travaux de Rott [5], [19–24] qui a publié une série impressionnante de travaux à partir de 1969. Ces travaux ont finalement abouti à la théorie dite « linéaire » de la thermoacoustique. En 1975, cette théorie a été validée expérimentalement par Merkli et Thomann [25]. Ces auteurs ont observé un refroidissement léger autour du ventre de vitesse d'un gaz résonant dans un simple résonateur fermé à une extrémité et entrainé par une source d'onde acoustique à l'autre. De même Yazaki [13] en 1980 a imposé une différence de température sur un résonateur cylindrique rempli avec de l'hélium et observé un résultat similaire. Yazaki a répété son expérience pour une large gamme d'écarts de température et pour une large gamme de diamètre de résonateur. Ensuite, il a montré que les fréquences de résonance calculées sur la base de la théorie de Rott et celles déterminées grâce aux mesures expérimentales lorsqu'il y avait une oscillation de gaz étaient en bon accord. Ses résultats expérimentaux ont ainsi renforcé la théorie thermoacoustique linéaire de Rott. Parallèlement, un petit groupe du Los Alamos National Laboratory, formé de J. C. Wheatley, G. W. Swift, T. Hofler et A. Migliori, a commencé à étudier de manière fondamentale et expérimentale le phénomène thermoacoustique. Par conséquent, plusieurs explications qualitatives du phénomène thermoacoustique ainsi que des applications basiques des moteurs et des réfrigérateurs thermoacoustiques ont été réalisées et publiées [26–28].

La théorie de Rott a été soumise à des validations expérimentales supplémentaires par Müller et Lang [29] en 1985 et par Hofler [30], [31] en 1986. Müller et Lang ont réalisé leur comparaison sur un moteur thermoacoustique composé d'un résonateur rempli d'air et contenant un stack intercalé entre un échangeur froid et un échangeur chaud. Ils ont comparé la différence de température critique nécessaire pour produire une onde acoustique à celle prédite par la théorie de Rott. Après le démarrage de leur moteur, ils ont comparé l'évolution temporelle de l'amplitude de l'oscillation de pression pour plusieurs valeurs de différence de température entre les deux échangeurs. Hofler, quant à lui, a construit un réfrigérateur thermoacoustique en quart d'onde et excité par un haut-parleur comme source d'onde acoustique (voir la Figure 1.3). Ce réfrigérateur se composait d'un résonateur rempli d'hélium à une pression de 10 Bar et résonant à 500 Hz, d'un haut-parleur, d'un échangeur chaud, d'un stack, d'un échangeur froid et d'un résonateur. Hofler a comparé la différence de température des deux échangeurs avec les résultats calculés via la théorie de Rott et ce, pour différentes valeurs de l'amplitude de l'oscillation de pression représentant jusqu'à 3% de la pression moyenne (10 Bar).

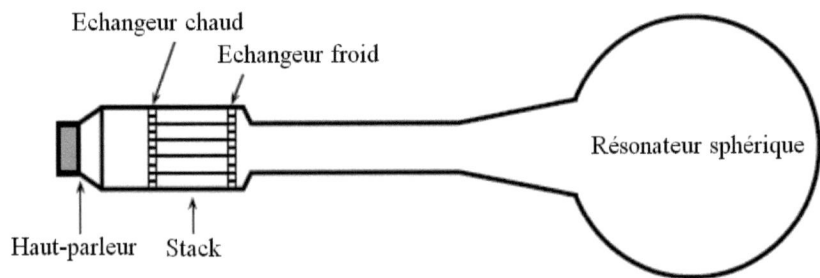

Figure 1.3. Réfrigérateur thermoacoustique d'Hofler

La théorie thermoacoustique linéaire de Rott a permis de franchir un pas important dans l'avancement du domaine thermoacoustique en passant de l'observation du phénomène thermoacoustique à la conception et à la réalisation de machines thermoacoustiques, c'est-à-dire des moteurs et des réfrigérateurs, qui ont pour but de produire une puissance mécanique ou thermique utile avec une efficacité acceptable dans des vastes domaines d'applications. Dans les trois dernières décennies, G. W. Swift du *Los Alamos National Laboratory* a énormément contribué au développement des machines thermoacoustiques. Grâce à sa compréhension extraordinaire du phénomène thermoacoustique ainsi que sa créativité pour concevoir des appareils thermoacoustiques, Swift a publié de nombreux articles et brevets importants qui lui ont valu la reconnaissance du domaine de la thermoacoustique. Le développement et l'ingénierie thermoacoustique lui sont également redevables du fait du partage de ses savoir-faire, comme Garret [32] l'indique dans sa synthèse de la littérature qui rassemble et résume la plupart des études et des travaux en thermoacoustiques jusqu'à 2004.

En se basant sur la théorie thermoacoustique linéaire développée par Rott ainsi que sur les travaux précédemment évoqués, Swift [33] a été le premier à donner une analyse détaillée complète du fonctionnement des machines thermoacoustiques ainsi que des résultats expérimentaux pour quelques machines thermoacoustiques. De plus, en 2001, Swift [34] a publié un livre qui fournit une introduction claire et simple à la thermoacoustique. Ce livre contient aussi des schémas illustrant les principes de fonctionnement des machines thermoacoustiques ce qui facilite la compréhension du domaine pour les nouveaux arrivants. En outre, il a mis à disposition gratuite le code du logiciel de simulation DeltaEC [35], [36] « *Design Environment for Low-amplitude ThermoAcoustic Energy Conversion* ». Ce code, qui est largement utilisé par les thermoacousticiens, permet de prédire la performance d'une machine thermoacoustique existante ou bien de construire une machine thermoacoustique ayant une performance donnée. Par ailleurs, des articles publiés par Wheatley [37–39], Swift [40–43], Garrett [44], [45], Nika [46–49] et Duthil [50] permettent une bonne introduction aux phénomènes thermoacoustiques.

1.2 Classification des machines thermoacoustiques

Il existe quatre catégories principales de machines thermoacoustiques :

1) les moteurs thermoacoustiques à onde stationnaire ;

2) les moteurs thermoacoustiques à onde progressive ;

3) les réfrigérateurs thermoacoustiques à onde stationnaire ;

4) les réfrigérateurs thermoacoustiques à onde progressive.

La différence entre les machines thermoacoustiques à onde stationnaire et à onde progressive résulte du choix des caractéristiques géométriques de la matrice poreuse séparant les échangeurs chaud et froid. Si le rayon hydraulique (noté r_h) est de l'ordre de l'épaisseur de la couche limite thermique (notée δ_t), on désigne la matrice sous le nom de « stack ». Dans le cas où le rayon hydraulique est bien plus petit que l'épaisseur de la couche limite thermique, on désigne la matrice sous le nom de « régénérateur ».

Les moteurs thermoacoustiques convertissent une puissance thermique en une puissance acoustique « mécanique » tandis que les réfrigérateurs thermoacoustiques utilisent une puissance acoustique « mécanique » pour pomper une puissance thermique à la source froide.

Le terme de machines à « onde stationnaire » signifie que la phase entre l'oscillation de pression et l'oscillation de vitesse du gaz est proche de celle d'une onde stationnaire, soit une phase proche de 90°. Dans les machines dites à « onde progressive », cette phase est proche de celle d'une onde progressive, soit une phase proche de 0°.

1.2.1 Moteurs thermoacoustiques à onde stationnaire

Dans un moteur thermoacoustique à onde stationnaire, un fluide, un gaz (air ou gaz rare) dans la plupart des cas, est mis sous pression dans un résonateur fermé à ses deux extrémités. Ce résonateur contient également un stack (empilement de matériaux) situé entre deux échangeurs de chaleur, chaud et froid, comme illustré par la Figure 1.4. Le stack est un milieu poreux dont le rayon hydraulique des pores (noté r_h) est de l'ordre de l'épaisseur de la couche limite thermique du fluide (notée δ_t). Si le rayon hydraulique du stack est trop grand ou trop petit devant la valeur de la couche limite thermique, le moteur ne fonctionnera pas. Pour démarrer un tel moteur, il faut appliquer un gradient thermique axial suffisant le long du stack. Lorsque le gradient thermique appliqué sur le stack dépasse donc une valeur critique, le fluide commence à osciller en produisant une puissance acoustique dont une partie est perdue par les effets de viscosité du fluide. Le phénomène correspond en fait a une très brutale augmentation du facteur de qualité (maximum de l'amplitude à la résonance) du résonateur en raison de la conversion de chaleur en travail mécanique. La phase entre les oscillations de pression et de vitesse de l'onde acoustique produite par ce moteur est alors proche de 90°, d'où la dénomination de moteur thermoacoustique à onde stationnaire donnée à ces machines.

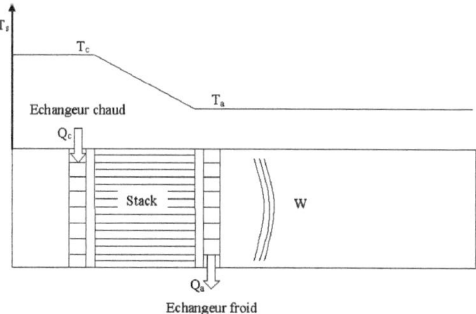

Figure 1.4. Moteur thermoacoustique à onde stationnaire

Les moteurs thermoacoustiques à onde stationnaire existent depuis bien longtemps comme le montrent les travaux d'Higgins [1] en 1777, de Sondhauss [4], de Rijke [2], de Taconis [9], de Carter [15] et de Feldman [17]. L'établissement de la théorie thermoacoustique linéaire par Rott entre 1969 et 1983 ainsi que sa validation expérimentale et son explication qualitative au travers des travaux de Merkli et Thomann [25], de Yazaki [13], de Wheatley [26–28], de Müller et Lang [29] et d'Hofler [30], [31], ont permis à Swift [51–53] en 1988 de réaliser le premier prototype de moteur thermoacoustique à onde stationnaire. Ce moteur générait une oscillation dans du sodium liquide, utilisé comme fluide de travail, en appliquant un gradient thermique axial le long de ses deux stacks. Un générateur magnétohydrodynamique (MHD), était utilisé pour convertir l'oscillation du fluide en électricité (voir la Figure 1.5). Ce dispositif, qui a été fabriqué afin d'être utilisé dans l'espace et au fond des océans, fonctionnait sous les conditions suivantes :

- fréquence de 1 KHz ;
- température chaude proche de 1000 K ;
- température froide voisine de 400 K ;
- pression moyenne du fluide de l'ordre de 200 bars ;
- amplitude de l'oscillation de pression du fluide de 198 bars ;
- champ magnétique de 2.3 T.

Dans ces conditions de fonctionnement, le moteur thermoacoustique atteignait une efficacité de conversion thermique/acoustique proche de 18% (avec près de 540 W de puissance acoustique produite pour environ 3 KW de puissance thermique fournie au système). Ces valeurs correspondent à une efficacité éxergétique voisine de 31% du rendement de Carnot. Sachant que le générateur MHD a une efficacité de conversion acoustique/électrique proche de 45%, cela conduit à une efficacité éxergétique de conversion thermique/électrique du dispositif proche de 13% du rendement de Carnot.

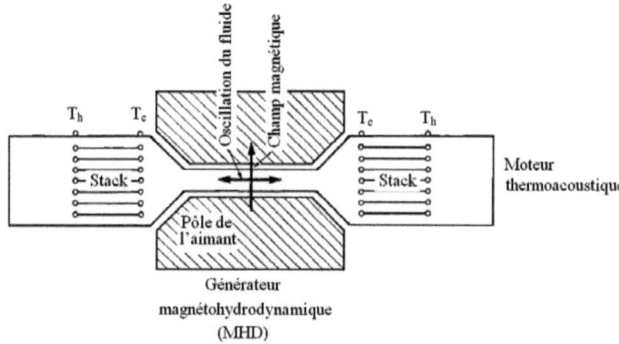

Figure 1.5. Moteur thermoacoustique à onde stationnaire couplé à un générateur MHD

Bien que ce premier dispositif thermoacoustique offrait une efficacité prometteuse ainsi qu'une fiabilité assez élevée puisqu'il n'avait aucune partie mobile, il présentait deux inconvénients majeurs :

1) il était coûteux car sa conception devait lui permettre de résister à une pression assez élevée et de fonctionner dans des environnements hostiles (fond des océans, espace) ;

2) il pouvait être dangereux à cause de l'utilisation de sodium liquide.

En 1992, Swift [54] a présenté un autre moteur thermoacoustique à onde stationnaire qui utilisait l'hélium comme fluide de fonctionnement (voir la Figure 1.6). Ce moteur opérait à une pression moyenne de 13.8 Bar pour « un drive ratio » de 6% (rapport de l'amplitude de l'oscillation de pression sur la pression moyenne). Les températures chaude et froide des deux échangeurs étaient respectivement de 973 K et 303 K. Dans ces conditions et pour une puissance thermique de 7 KW, le moteur délivrait une puissance acoustique utile à une source externe de 630 W ; l'efficacité de conversion thermique/acoustique du moteur était de 9% soit une efficacité éxergétique de 13% du rendement de Carnot.

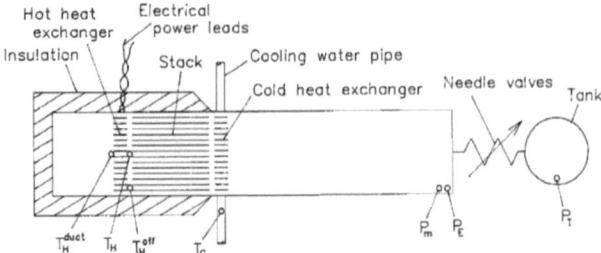

Figure 1.6. Moteur thermoacoustique à onde stationnaire qui utilise le gaz de l'Hélium comme un fluide de fonctionnement [54]

Le deuxième moteur de Swift avait de nombreux avantages par rapport à la version initiale présentée précédemment. Tout d'abord, l'hélium, qui est un gaz rare, est moins dangereux et plus écologique que le sodium liquide. De plus, le fait de réaliser une machine qui travaille à une pression moyenne de 13.8 bar et pour un drive ratio de 6% de la pression moyenne induit moins de contraintes mécaniques. Elle est donc moins chère qu'une machine fonctionnant à 200 Bar et avec un drive ratio de 99%. En outre, ce second moteur thermoacoustique de Swift n'a aucune partie mobile, il a donc une durée de vie et une fiabilité plus élevées. Ensuite, il peut utiliser n'importe quelle source externe d'énergie (énergie solaire, énergie des rejets thermiques, énergies primaires fossiles ou énergies renouvelables). Par ailleurs, il peut être utilisé dans une large gamme d'applications. A titre d'exemples, des dizaines de moteurs thermoacoustiques à onde stationnaire ont été construits pour exciter des réfrigérateurs thermoacoustiques [55], [56], des réfrigérateurs à tube à gaz pulsé [57], [58], pour liquéfier et séparer des gaz [59][60] et même pour produire de l'électricité [51–53], [61], [62].

Malgré tous les avantages du moteur thermoacoustique à onde stationnaire, son efficacité reste relativement faible, typiquement moins de 30% du rendement de Carnot. Actuellement, la meilleure performance atteinte par un tel moteur approche les 25% du rendement de Carnot ce qui correspondrait à une efficacité de conversion thermique/acoustique de 18% (95 KW de puissance thermique pour avoir 17 KW de puissance acoustique à la sortie de l'échangeur froid). Ce type de moteur (voir la Figure 1.7) a été construit par la société « *Praxair* » en collaboration avec le laboratoire national de Los Alamos (LANL) [59], [63] dans le cadre d'un projet de liquéfaction des gaz.

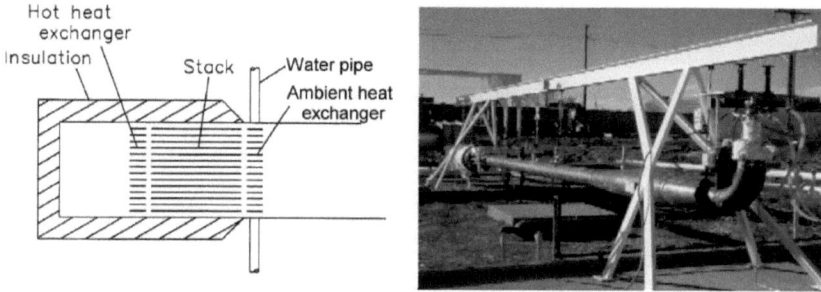

Figure 1.7. Moteur thermoacoustique à onde stationnaire couplé à un réfrigérateur à tube à gaz pulsé [63]

L'efficacité relativement basse de ce type des moteurs thermoacoustiques est due aux facteurs suivants :

1) à la médiocre efficacité du stack ;

2) à la perte de la puissance acoustique dans les échangeurs et dans le résonateur ;

3) à la nature du fluide et à ses propriétés thermophysiques.

D'autre part, les canaux constitutifs du stack doivent avoir un rayon hydraulique de l'ordre de grandeur de l'épaisseur de la couche limite thermique. Du coup, le contact thermique entre le fluide et les parois du stack est imparfait ce qui implique une irréversibilité thermodynamique importante du transfert thermique. Ce transfert est toutefois nécessaire pour renforcer l'oscillation du gaz à partir d'un gradient thermique axial appliqué le long du stack, et donc pour que le fluide réalise un cycle thermodynamique. En effet, il existe plusieurs formes de stacks comme le montre la Figure 1.8. Les quatre premiers stacks de la Figure 1.8, c.à.d. de a) à d), ont été étudiés par Rott [19] et Arnott [64]. Swift

[65] a quant à lui proposé une forme de stack en aiguilles dit « pin array » (Figure 1.8. e), qui améliore significativement l'efficacité des moteurs thermoacoustiques à onde stationnaire. Il a noté qu'un tel moteur avec un stack « pin array » peut avoir une efficacité supérieur de plus de 15% par rapport au même moteur équipé avec un stack à pores parallèles et ce, pour les mêmes conditions de fonctionnement.

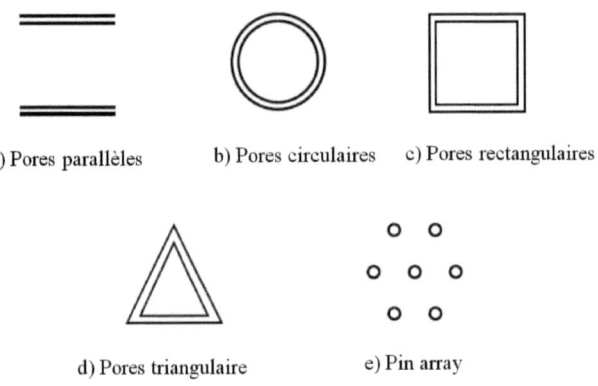

Figure 1.8. Différentes formes des stacks

La perte de la puissance acoustique par frottements dans le fluide tant dans le stack que dans les échangeurs et le résonateur joue un rôle important dans la diminution de l'efficacité des moteurs thermoacoustiques. A titre d'exemple, dans le moteur thermoacoustique présenté par Swift [54], il y a près de 25% de la puissance acoustique produite par le stack qui est dissipée dans les échangeurs et 15% dans le résonateur du moteur. En fait, le transfert thermique d'un fluide oscillant reste complexe et il n'existe qu'un nombre limité d'études de ce phénomène [66–78]. Cependant, le modèle de transfert thermique oscillant dans les échangeurs qui est le plus utilisé dans les codes d'optimisation et de simulation des machines thermoacoustiques (comme DeltaEC) reste le modèle établi par Swift [36]. Evidemment, ce modèle donne des résultats approximatifs mais il est essentiel dans les codes de dimensionnement des machines thermoacoustiques car :

1) il est 1D (à une dimension) ;

2) il correspond bien aux équations de la théorie thermoacoustique linéaire ;

3) il ne nécessite pas de temps de calcul trop élevé.

En ce qui concerne la perte d'énergie dans le résonateur, elle est due elle aussi à la viscosité des fluides. Certains travaux ont prouvé que l'utilisation de résonateurs sphériques réduit la perte acoustique [30], [79], [80]. D'autres travaux proposent quant à eux le remplacement du résonateur par des déplaceurs solides [58] ou l'utilisation d'un mélange de gaz [81] qui a à la fois une viscosité basse afin de minimiser la perte de la puissance acoustique et une conductivité thermique élevée pour augmenter la production de la puissance acoustique dans le stack.

Un autre phénomène susceptible de diminuer l'efficacité des moteurs thermoacoustiques est ce que l'on nomme « le vent acoustique », ou « Streaming » en anglais, qui apparait lorsque le drive ratio devient élevé, c'est-à-dire supérieur à 6 ou 7% de la pression moyenne [82], [83], [54]. La théorie thermoacoustique linéaire ne prend pas en compte l'effet streaming puisqu'il s'agit d'un résultat dû aux non linéarités acoustiques. Ce phénomène de streaming est l'une des causes qui limite la construction des machines thermoacoustiques à un drive ratio bas de manière à ce que les calculs obtenus par la théorie thermoacoustique linéaire restent valables. Il en résulte des conceptions de machines thermoacoustiques avec une efficacité limitée. Yazaki [14] fut le premier à observer ce phénomène de streaming en travaillant sur les oscillations Taconis. Il a mesuré ce phénomène en utilisant un anémomètre LDV « *Laser Doppler Velocimetry* » [84]. Pour en savoir plus sur ce phénomène, on peut se reporter aux travaux d'Atchley *et al* [85–87], de Kaprov *et al* [88–90], de Gusev *et al* [91–94], de Blanc-Benon *et al* [71], [95], [96], de

Hamilton *et al* [97], [98] et ceux de quelques autres [99–106]. Malgré ces différentes contributions, le streaming reste toujours mal compris.

1.2.2 Moteurs thermoacoustiques à onde progressive

Le moteur Stirling a été inventé en 1815 [107]. Il a une efficacité élevée grâce à l'utilisation d'un régénérateur dont le rayon hydraulique des pores est très petit devant l'épaisseur de la couche limite thermique, ($r_h \ll \delta_t$), (Figure 1.9). Cela implique une bonne réversibilité thermodynamique, donc un cycle avec un rendement théorique proche du rendement de Carnot. En effet, avec une interprétation thermoacoustique, on peut montrer que le moteur Stirling utilise un piston mécanique qui délivre une puissance mécanique/acoustique du côté froid du régénérateur. Ce dernier amplifie thermiquement cette puissance acoustique et la délivre à un second piston placé du côté chaud du régénérateur. Ces deux pistons mécaniques compliquent la fabrication des moteurs Stirling et augmentent leurs prix du fait de la nécessité de réaliser des étanchéités dynamiques parfaites entre les différents volumes de la machine.

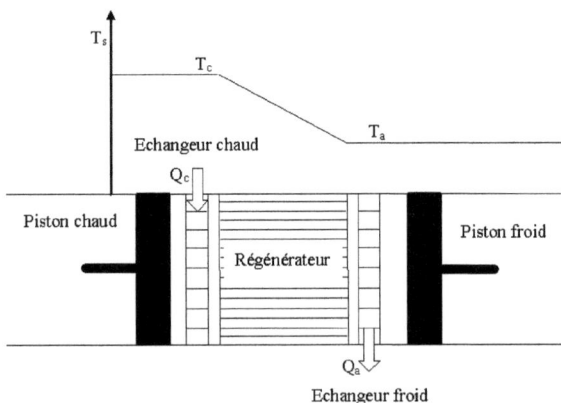

Figure 1.9. Moteur Stirling

C'est Ceperley [108–110] qui, en 1979, a constaté que les moteurs Stirling sont en réalité de même nature que des moteurs thermoacoustiques à onde progressive et que les deux pistons assurent la mise en phase entre la pression et la vitesse du gaz ce qui caractérise une onde progressive. Du coup, il a proposé de remplacer les deux pistons du moteur Stirling par un circuit acoustique adéquat, c.à.d. en fait un résonateur de forme annulaire, de manière à mettre la pression et la vitesse du gaz en phase. Cependant, Ceperley n'a pas réussi à amplifier une onde acoustique dans ses expériences, faute d'avoir sous estimé l'importance des pertes par frottement visqueux du gaz dans le régénérateur.

Yazaki [111] a construit un moteur thermoacoustique à onde progressive similaire au dispositif de Ceperley (Figure 1.10), mais avec un stack au lieu d'un régénérateur. Le moteur thermoacoustique à onde progressive de Yazaki a produit une certaine puissance acoustique mais avec une efficacité très basse. Ceperley et Yazaki ont finalement constaté que le manque d'efficacité de leurs moteurs était dû à la perte d'une grande quantité de la puissance acoustique en raison des pertes visqueuses élevées engendrées par la grande vitesse acoustique du gaz dans leurs régénérateurs (trop faible impédance acoustique de celui-ci).

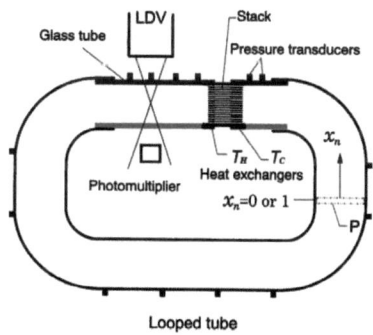

Figure 1.10. Moteur thermoacoustique à onde progressive avec un stack [111]

Une véritable avancée sur ce type de moteur a été faite par Swift et Backhaus [112] en 2000. Ils ont construit un moteur thermoacoustique à onde progressive doté d'un régénérateur performant. Ce moteur produisait une puissance acoustique de 710 W avec une efficacité thermique/acoustique de 30% qui correspond à 41% du rendement de Carnot (voir la Figure 1.11). En remplaçant le régénérateur par un stack à plaques disposées en parallèles, ce moteur produisait 1750 W de puissance acoustique pour les mêmes performances [63], [113]. La différence d'efficacité entre les moteurs présentés par Ceperley et Yazaki d'un côté et le moteur présenté par Swift et Backhaus de l'autre est que Swift et Backhaus ont détecté la présence des streaming de Gedeon et de Rayleigh. Le streaming de Gedeon qui consiste en un écoulement global dans la géométrie annulaire est atténué en ajoutant un organe déprimogène générant une déférence de pression opposée à la perte de pression engendrée par l'écoulement. Cet organe est appelé « *jet pump* » (voir la Figure 1.11). Quant au streaming de Rayleigh, il s'agit de deux tourbillons contrarotatifs issus de la différence de viscosité dans une section d'écoulement. Il peut être réduit par l'utilisation d'un tube conique appelé « *thermal buffer tube* » (voir la Figure 1.11).

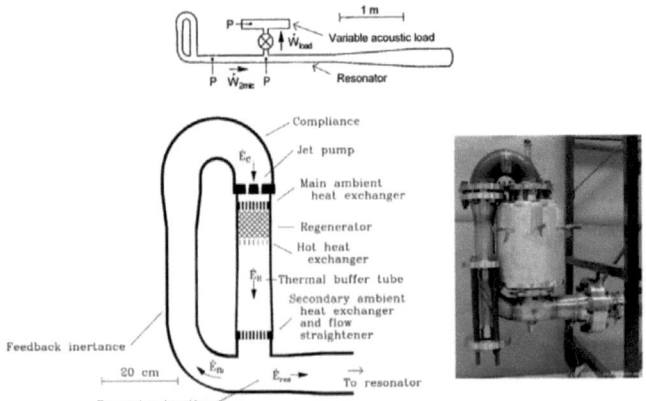

Figure 1.11. Moteur thermoacoustique à onde progressive de Swift et Backhaus [112], [63]

Le moteur thermoacoustique à onde progressive représente une nette avancée du point de vue de l'efficacité par rapport au moteur thermoacoustique à onde stationnaire. De plus, avec une efficacité de 41% du rendement de Carnot, ce nouveau type de moteur thermoacoustique parait pouvoir à terme rivaliser avec les moteurs thermiques conventionnels tels que les moteurs à combustion interne. En outre, les moteurs thermoacoustiques à onde progressive présentent les avantages suivants :

1) ils n'ont aucune partie mécanique mobile ;

2) ils utilisent des gaz rares compatible avec l'environnement ;

3) ils sont fiables et ont donc une durée de vie élevée ;

4) ils peuvent utiliser n'importe quelle source thermique externe, e.g. énergie solaire, combustion, récupération de chaleur etc. ;

5) ils sont beaucoup moins chers que les technologies thermiques conventionnelles.

Cependant, comparativement, les moteurs thermoacoustiques à onde stationnaire restent moins chers et plus simples à fabriquer que ceux qui fonctionnent à onde progressive. Ceci est dû aux deux facteurs suivants :

1) ils n'ont pas de circuit acoustique en boucle ;

2) ils ne subissent pas l'effet du streaming de Gedeon qui ne se produit que dans les systèmes sans conditions aux limites d'extrémité.

Backhaus [114], [115] a remplacé le résonateur du moteur thermoacoustique à onde progressive par un générateur électrique pour produire 39 W de puissance électrique avec une efficacité thermique/acoustique/électrique de 18% qui correspond à 28% du rendement de Carnot. Depuis, beaucoup des chercheurs ont été inspirés par les travaux de Backhaus et Swift pour réaliser des moteurs thermoacoustiques à onde progressive qui peuvent être utilisés dans diverses applications [58], [116], [117–130].

1.2.3 Moteurs thermoacoustiques à cascade

Afin de profiter à la fois de la simplicité des moteurs thermoacoustiques à onde stationnaire et également de l'efficacité élevée des moteurs thermoacoustiques à onde progressive, Swift *et al* [131] ont proposé un nouveau concept de moteur thermoacoustique dits « à cascade » (Figure 1.12). Ce moteur utilise un résonateur de moteur thermoacoustique à onde stationnaire contenant un stack mais deux régénérateurs en plus. Le stack a pour objectif de créer une puissance acoustique qui sera amplifiée successivement par les deux régénérateurs. La phase entre la pression et la vitesse du gaz dans le stack est proche d'une onde stationnaire, alors qu'elle est proche de celle de l'onde progressive dans les deux régénérateurs. Ce moteur produisait une puissance acoustique de 2179 W en fonctionnant avec une charge externe avec une efficacité éxergétique de 30% du rendement de Carnot (l'objectif initial était une puissance acoustique de 3490 W et une efficacité éxergétique de 40% du rendement de Carnot).

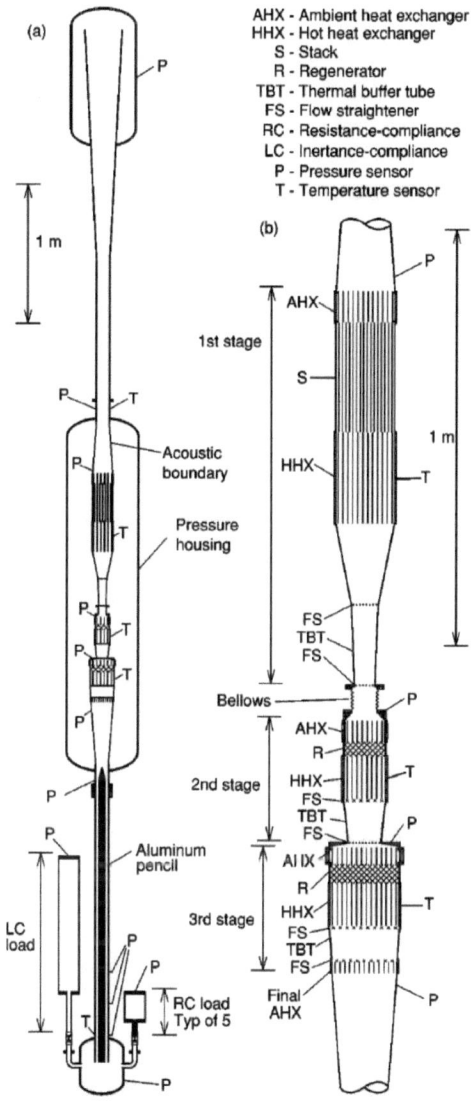

Figure 1.12. Moteur thermoacoustique à cascade [131]

1.2.4 Réfrigérateurs thermoacoustiques à onde stationnaire ou à onde progressive

Les réfrigérateurs thermoacoustiques qu'ils soient à onde stationnaire ou à onde progressive fonctionnent respectivement à l'inverse des moteurs thermoacoustiques à onde stationnaire et à onde progressive. Il suffit d'appliquer une onde acoustique au moyen d'un haut-parleur ou d'un moteur thermoacoustique pour que le réfrigérateur pompe de la chaleur à sa source froide (réversibilité de la conversion thermoacoustique). Garrett, Hofler *et al* [30], [31], [79–81], [132], [133] ont été les premiers à profiter de cette possibilité pour réaliser le premier réfrigérateur à onde stationnaire opérationnel et à destination des missions spatiales. Ce réfrigérateur a été l'objet des études supplémentaires de la part de Poese [82], [83] afin d'améliorer son efficacité. Un réfrigérateur pour les vendeurs de glaces a été réalisé pour la société « *Ben & Jerry's Homemade* » sous la direction de Garrett [134]. Adeff et Hofler [135] ont construit un réfrigérateur thermoacoustique à onde stationnaire excité par un moteur thermoacoustique à onde stationnaire qui utilisait l'énergie solaire comme source thermique.

Tijani, du « *Energy Center of the Netherlands (ECN)* », a conçu un réfrigérateur thermoacoustique à onde stationnaire, similaire au réfrigérateur d'Hofler, et qui a atteint la température froide de -65°C [136]. Enfin, un autre réfrigérateur à onde progressive a été construit par Tijani [137] avec une efficacité de 25% du rendement de Carnot. Symko [138] a travaillé sur les mini réfrigérateurs thermoacoustiques pour refroidir les équipements électroniques. A ce jour, plusieurs réfrigérateurs thermoacoustiques qu'ils soient à onde progressive ou à onde stationnaire, ont été réalisés de par le monde [127], [128], [130], [139–145], [59], [146–152].

1.2.5 Réfrigérateurs à tube à gaz pulsé

Les réfrigérateurs à tube à gaz pulsé, qui sont bien connu en cryogénie, ont été accidentellement découverts par Giffod et Longsworth [18] en 1966. Ils ont atteint une température froide de 150K en appliquant sur le gaz d'un tube contenant le gaz une onde acoustique ayant l'allure d'un signal carré de haute amplitude et de basse fréquence générée par un compresseur mécanique.

Le développement des réfrigérateurs à tube à gaz pulsé a été accéléré depuis les années 1980 grâce aux travaux réalisés au sein du *Los Alamos National Laboratory* sur la thermoacoustique et les réfrigérateurs thermoacoustiques à onde stationnaire. Aujourd'hui les réfrigérateurs à tube à gaz pulsé atteignent une efficacité de 20% du rendement de Carnot et une température froide de 2K ! Pour en savoir plus sur l'évolution de cette technologie, on peut se reporter aux synthèses bibliographiques réalisées par Radebaugh [153], [154] et par Popescu [155].

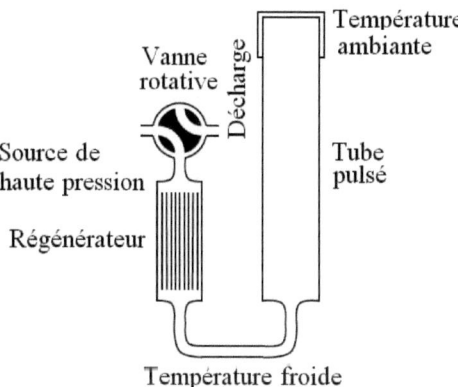

Figure 1.13. Réfrigérateur à tube à gaz pulsé

En réalité, le même phénomène thermoacoustique se produit dans le tube pulsé d'un refroidisseur à tube à gaz pulsé (Figure 1.13) ou dans le stack des réfrigérateurs thermoacoustiques à onde stationnaire. D'autre part, le régénérateur convertit l'énergie acoustique en flux de chaleur. Lorsqu'une onde acoustique est générée dans le tube pulsé, un gradient thermique axial s'établit le long du régénérateur qui convertit la puissance acoustique en pompant de la chaleur et en abaissant donc la température côté froid du régénérateur. Sans la présence du tube pulsé, le régénérateur ne pourrait pas fonctionner car, dans ce cas, les phases entre la pression et la vitesse de gaz ne seraient pas adaptées. Les réfrigérateurs à tube à gaz pulsé récents comportent en plus un orifice à l'extrémité du tube côté ambiance ce qui permet à ces réfrigérateurs de fonctionner avec une phase d'onde quasi progressive. La présence de l'orifice a permis d'atteindre des efficacités de 20% du rendement de Carnot et une température froide de 2K. Plusieurs réalisations pratiques de ces réfrigérateurs ont été construites à ce jour dans lesquelles un moteur thermoacoustique remplace parfois le compresseur mécanique classique ce qui permet de faire fonctionner ces réfrigérateurs sans aucune partie mécanique mobile [59], [156], [157].

1.3 Principe physique de fonctionnement des moteurs thermoacoustiques

De manière à comprendre le principe physique de fonctionnement des moteurs thermoacoustiques, nous allons par la suite observer qualitativement avec un point de vue lagrangien le cycle thermodynamique et acoustique d'une particule de gaz placée entre deux plaques solides. L'interprétation va être faite dans trois cas :

1) lorsque la distance entre les deux plaques qui entourent la particule de gaz, c.à.d. le rayon hydraulique r_h, est plus petite que l'épaisseur de la couche limite thermique δ_t ($r_h \ll \delta_t$) ; nous avons alors à faire à un régénérateur

2) lorsque la distance entre les deux plaques est de l'ordre de l'épaisseur de la couche limite thermique ($r_h \sim \delta_t$) ; nous sommes alors en présence d'un stack

3) lorsque la distance entre les deux plaques est plus grande que l'épaisseur de la couche limite thermique ($r_h \gg \delta_t$).

1.3.1 Cas d'un régénérateur ($r_h \ll \delta_t$)

Prenons le noyau thermoacoustique de la Figure 1.14. Ce système peut fonctionner en onde stationnaire si le résonateur est fermé des deux côtés ou en onde progressive si le résonateur est ouvert des deux côtés ou encore de forme annulaire. On applique un gradient thermique axial le long d'un milieu poreux, c.à.d. un régénérateur, dont le rayon hydraulique est supposé très petit devant l'épaisseur de la couche limite thermique, comme le montre la Figure 1.14. Ceci implique que les particules de gaz dans le régénérateur sont en excellent contact thermique avec les parois. Ensuite, faisons un « zoom » sur une particule de gaz positionnée à l'intérieur du régénérateur.

Tant que le gradient thermique axial imposé le long du régénérateur ne dépasse pas une certaine valeur critique ($T_c - T_a < \Delta T_{critque}$ égale au rapport de l'augmentation de température par compression isentrope au déplacement acoustique du fluide), la particule de gaz subit une dilatation thermique à pression constante conformément à l'équation d'état d'un gaz parfait[2]. Par conséquent, le volume et la température de la particule de gaz vont augmenter ; la température va prendre la valeur de la température des parois du régénérateur. Dans ce cas, la particule de gaz ne réalise aucune oscillation acoustique ni aucun cycle thermodynamique comme indiqué par les trois diagrammes suivants (voir la Figure 1.14) :

1) le diagramme de pression-volume (p-v) ;

2) le diagramme de température-position (T-x) ;

3) le diagramme de volume-position (v-x).

Si nous augmentons le gradient thermique axial le long du régénérateur pour qu'il dépasse la valeur critique ($T_c - T_a > \Delta T_{critque}$), la particule de gaz, initialement au repos, subit un apport de chaleur ce qui conduit selon l'équation d'état d'un gaz parfait à une variation de sa pression. Finalement, la particule commence à osciller dans le régénérateur ce qui produit le déclenchement d'une onde acoustique stationnaire dans le cas d'un moteur à onde stationnaire ou progressive dans le cas d'un moteur thermoacoustique à onde

---

[2] L'équation d'état d'un gaz parfait est : pv=nRT

progressive. Par conséquent, chaque période de l'oscillation de la particule de gaz correspond à un cycle thermodynamique.

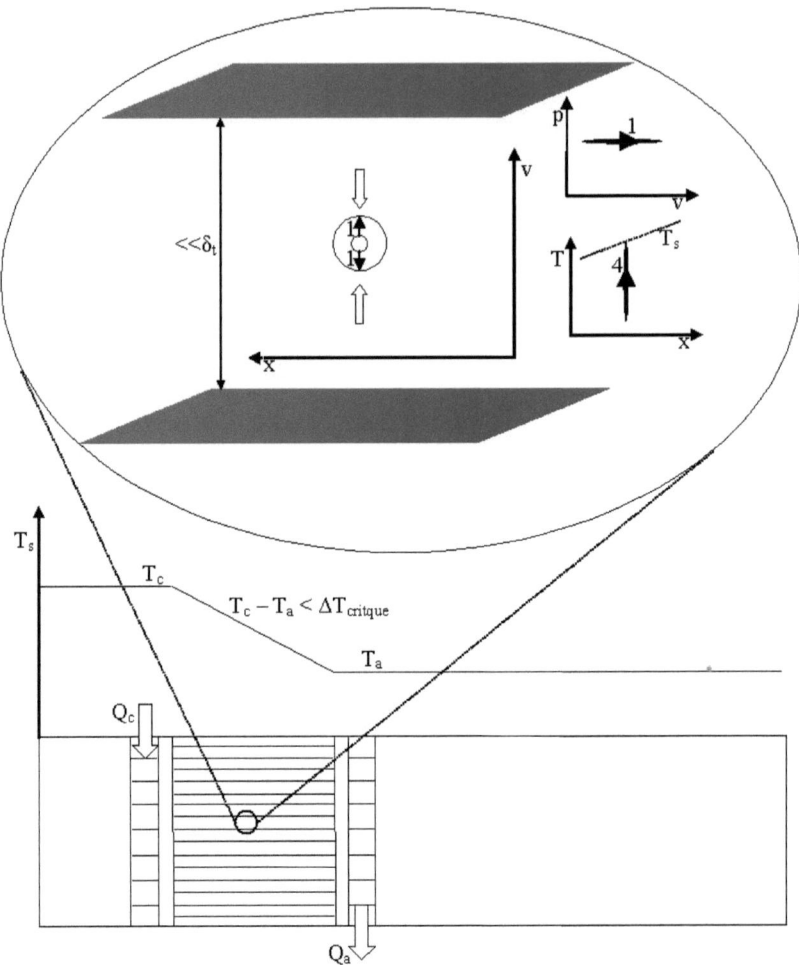

Figure 1.14. Principe de fonctionnement d'un moteur thermoacoustique avec un régénérateur et un gradient thermique inférieur à la valeur critique

1.3.1.1 Régénérateur dans un moteur thermoacoustique à onde stationnaire

Dans le cas d'un moteur thermoacoustique à onde stationnaire (voir la Figure 1.15), le cycle thermodynamique est formé de deux transformations réversibles:

1) la particule de gaz se déplace de sa position extrémale froide à sa position extrémale chaude ; elle subit simultanément une diminution de pression et une dilatation volumique en absorbant de la chaleur ;

2) elle se déplace de sa position extrémale chaude à sa position extrémale froide ; elle subit simultanément une augmentation de pression et une contraction volumique en rejetant de la chaleur. Ainsi, le cycle induit est un cycle plat qui ne produit pas de puissance acoustique (la ligne diagonale dans le diagramme p-v de la Figure 1.15).

Par conséquent, le régénérateur dans un moteur à onde stationnaire ne produit pas de puissance acoustique à cause :

1) de la phase de type stationnaire entre la pression et la vitesse de la particule de gaz ;

2) de la réversibilité thermique qui est due à l'excellent contact thermique entre les particules de gaz et les parois du régénérateur et qui permet à la température de la particule de gaz de rester à la température des parois du régénérateur lors de l'oscillation de la particule (voir le diagramme T-x de la Figure 1.15).

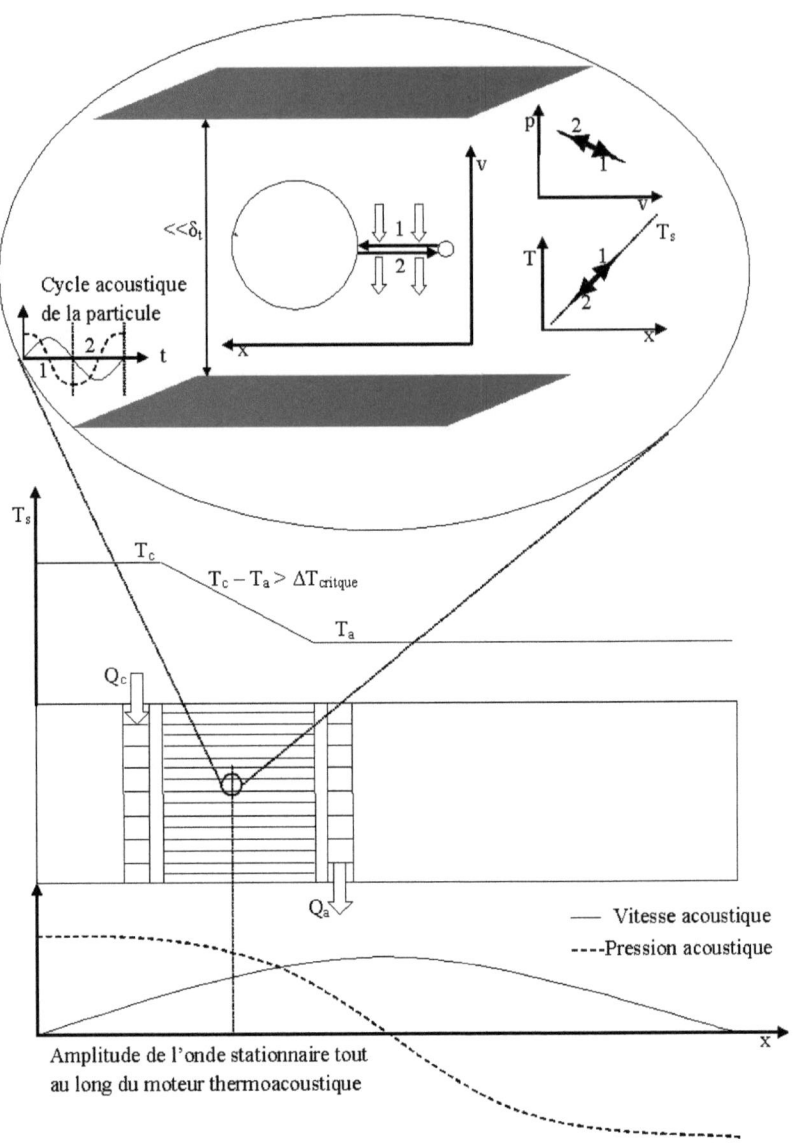

Figure 1.15. Principe de fonctionnement d'un moteur thermoacoustique à onde stationnaire avec un régénérateur

1.3.1.2 Régénérateur dans un moteur thermoacoustique à onde progressive

Passons au cas d'un moteur à onde progressive (voir la Figure 1.16). Dans ce cas, le cycle thermodynamique est formé de quatre transformations réversibles :

1) la particule de gaz se déplace de sa position extrémale froide vers sa position extrémale chaude ; elle subit dans un premier temps et simultanément une augmentation de pression et une dilatation volumique en absorbant de la chaleur ;

2) elle continue à se déplacer jusqu'à sa position extrémale chaude ; elle subit dans ce second temps une diminution de pression et elle continue à subir une dilatation volumique tout en continuant à absorber de la chaleur ;

3) elle se déplace de sa position extrémale chaude vers sa position extrémale froide ; elle subit tout d'abord et simultanément une diminution de pression et une contraction volumique en rejetant de la chaleur;

4) elle continue à se déplacer jusqu'à sa position extrémale froide ; elle subit alors une augmentation de pression et elle continue à subir une contraction volumique tout en rejetant de la chaleur. Ainsi, le cycle induit (le diagramme p-v de la Figure 1.16) peut atteindre respectivement 70% de l'efficacité et 85% de la puissance acoustique produite dans le cas d'un cycle théorique et idéal de Carnot comme mentionné par Ceperley [109].

Ainsi, le régénérateur dans un moteur à onde progressive fonctionne presque idéalement en produisant une puissance acoustique élevée et en ayant une efficacité élevée à cause :

1) de la phase de type progressive entre la pression et la vitesse de la particule de gaz ;

2) de la réversibilité thermique qui permet à la température de la particule de gaz de rester à la température des parois du régénérateur lors de l'oscillation de la particule (voir le diagramme T-x de la Figure 1.16).

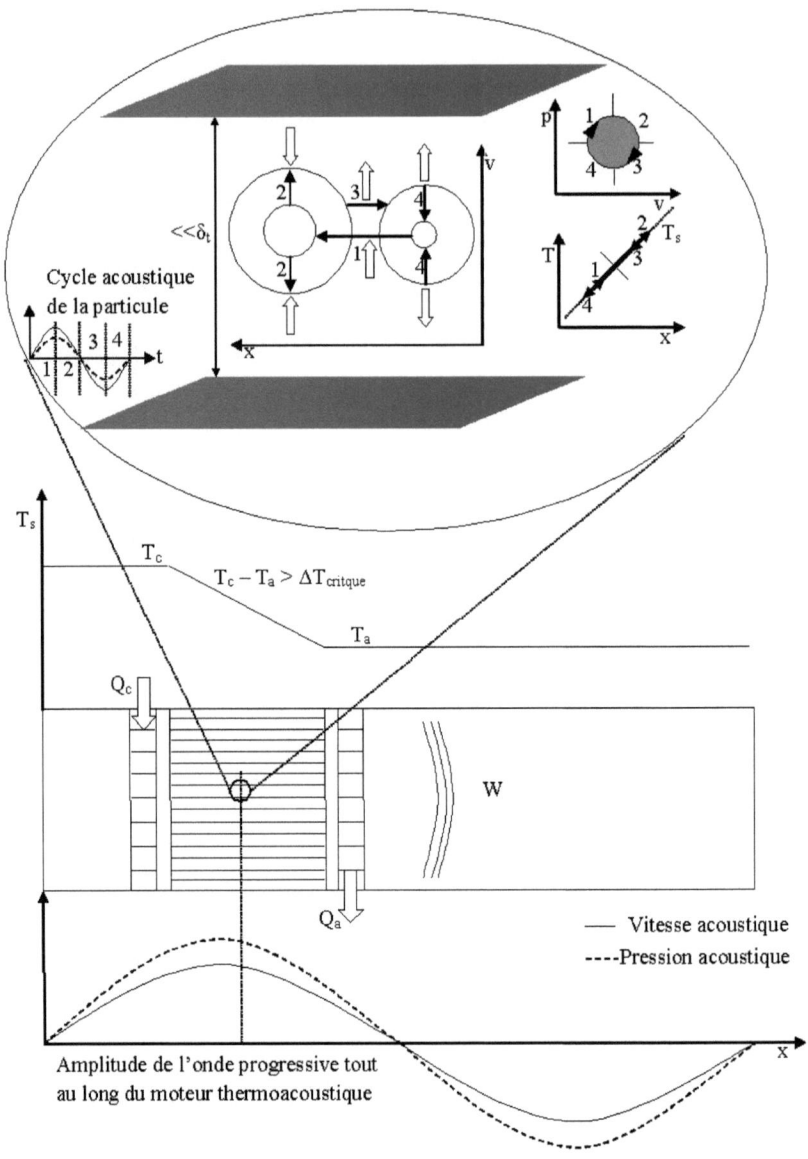

Figure 1.16. Principe de fonctionnement d'un moteur thermoacoustique à onde progressive avec un régénérateur

En fait, la phase de type onde progressive entre la pression et la vitesse de la particule de gaz dans le régénérateur permet à la particule de subir une augmentation de pression pendant que son volume et sa température sont en phase d'augmentation (étape 1 du diagramme p-v de la Figure 1.16) puis de subir une diminution de pression pendant que son volume et sa température sont en phase de diminution (étape 3 du diagramme p-v de la Figure 1.16). Cette particularité transforme la ligne diagonale du diagramme p-v (Figure 1.15) du cas de l'onde stationnaire en un cercle dans le cas de l'onde progressive (diagramme p-v dans la Figure 1.16). En effet, dans le cas d'une onde progressive, la particule de gaz absorbe une quantité de la chaleur du côté chaud du régénérateur et rejette cette quantité de chaleur du côté froid. Autrement dit la particule de gaz transporte de la chaleur du côté chaud vers le côté froid du régénérateur pour produire une puissance acoustique.

1.3.1.3 Régénérateur dans un moteur thermoacoustique à onde mixte stationnaire/progressive

Dans le cas d'un moteur à onde mixte stationnaire/progressive, la puissance acoustique générée par le régénérateur serait représentée par la surface d'une ellipse dans le diagramme p-v. Cette surface serait comprise entre la ligne diagonale du cas d'un moteur à onde stationnaire et le cercle du cas d'un moteur à onde progressive.

De plus, le régénérateur joue le rôle d'un amplificateur de la puissance acoustique lorsqu'une puissance acoustique entre du côté froid et sorte du côté chaud. Cela signifie que la surface de l'ellipse, dans le cas d'une onde mixte stationnaire-progressive, ou du cercle, dans le cas d'une onde progressive, du diagramme p-v se trouve augmentée.

1.3.2 Cas d'un stack ($r_h \sim \delta_t$)

De manière analogue au cas précédent ($r_h << \delta_t$), on constate que pour démarrer un moteur thermoacoustique à onde stationnaire ou à onde progressive contenant un milieu poreux, c.à.d. un stack, dont le rayon hydraulique est de l'ordre de l'épaisseur de la couche limite thermique, il faut que la valeur du gradient thermique axial imposé le long du stack soit supérieur à une valeur critique. Si le gradient thermique ne dépasse pas cette valeur critique, la particule de gaz va subir une dilatation thermique à pression constante. A noter que le contact thermique entre les particules de gaz et les parois du stack est imparfait.

Si la valeur du gradient thermique dépasse la valeur critique, les particules de gaz dans le noyau thermoacoustique (c.à.d. le stack) commencent à osciller stationnairement dans le cas d'un moteur à onde stationnaire ou progressivement dans le cas d'un moteur à onde progressive. Donc, chaque particule de gaz a une période d'oscillation qui conduit à un cycle thermodynamique.

1.3.2.1 Stack dans un moteur thermoacoustique à onde stationnaire

Le cycle thermodynamique qui correspond au cas d'un moteur à onde stationnaire (voir la Figure 1.17) est formé de quatre transformations irréversibles :

1) la particule de gaz se déplace adiabatiquement de sa position extrémale froide vers sa position extrémale chaude en subissant une diminution de pression et de température dans un premier temps;

2) elle continue ensuite à se déplacer jusqu'à sa position extrémale chaude ; sa température étant désormais inférieure à la température des parois du stack, elle absorbe de la chaleur en subissant simultanément une diminution de pression et une dilatation volumique (cette étape n'est donc plus adiabatique);

3) elle se déplace adiabatiquement de sa position extrémale chaude vers sa position extrémale froide en subissant une augmentation de pression ;

4) elle continue à se déplacer jusqu'à sa position extrémale froide ; sa température est supérieure à la température des parois du stack ; elle rejette de la chaleur en subissant simultanément une augmentation de pression et une contraction volumique. Ainsi sur le cycle décrit (le diagramme p-v de la Figure 1.17), la surface correspond à une puissance acoustique produite.

Le fait d'avoir utilisé un stack dans un moteur à onde stationnaire (Figure 1.17) permet de générer une puissance acoustique grâce au contact imparfait entre la particule de gaz et les parois du stack contrairement au cas où un régénérateur est utilisé (Figure 1.15). Le stack modifie légèrement l'onde stationnaire en une onde mixte stationnaire-progressive tandis que la réversibilité thermique dans le régénérateur ne modifie pas l'onde stationnaire. C'est donc l'irréversibilité thermique dans le stack qui permet la génération d'une puissance acoustique (ce qui se traduit par la transformation de la ligne diagonale du diagramme p-v de la Figure 1.15 en une ellipse Figure 1.17).

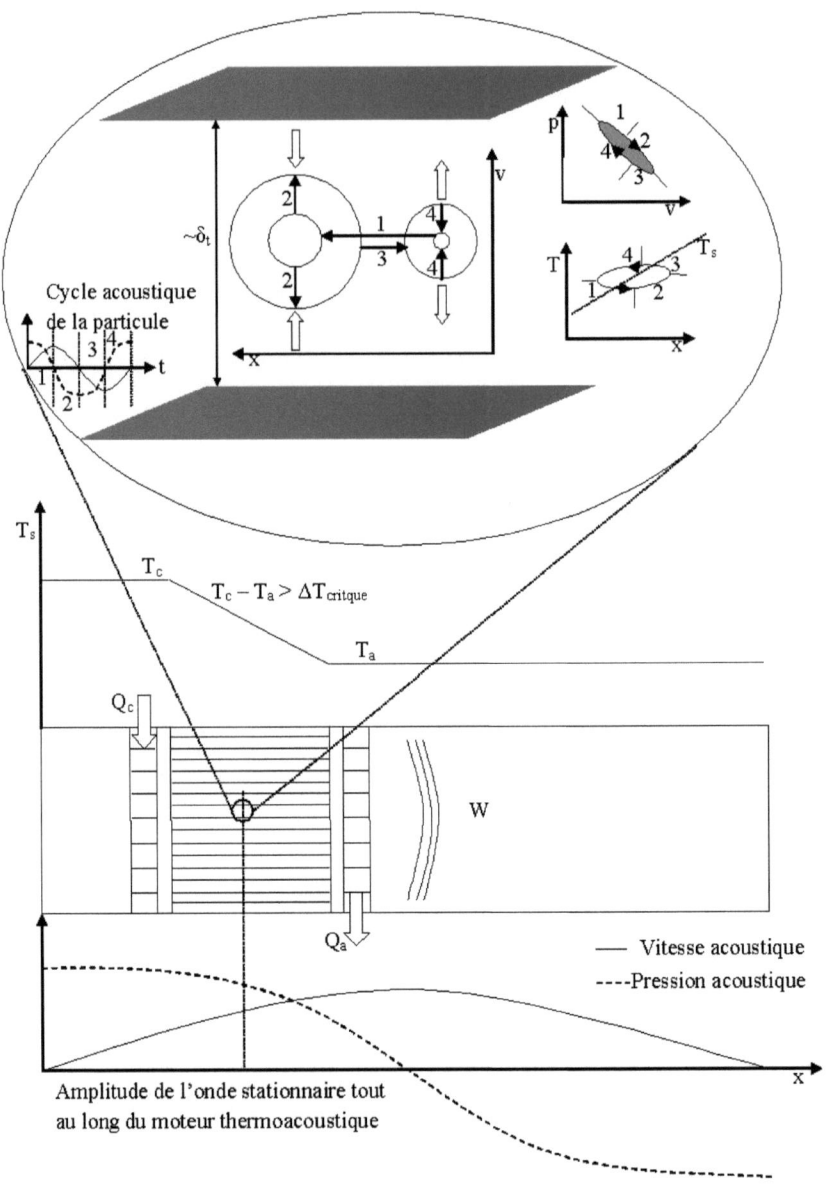

Figure 1.17. Principe de fonctionnement d'un moteur thermoacoustique à onde stationnaire avec un stack

1.3.2.2 Stack dans un moteur thermoacoustique à onde progressive

Dans le cas où un stack est utilisée dans un moteur à onde progressive comme dans la référence [111], le cycle thermodynamique est ainsi formé de quatre transformations irréversibles (la Figure 1.18) :

1) la particule de gaz se déplace adiabatiquement depuis sa position extrémale froide vers sa position extrémale chaude en subissant une augmentation de pression ;

2) elle continue à se déplacer jusqu'à sa position extrémale chaude ; sa température est inférieure à la température des parois du stack ; elle absorbe de la chaleur en subissant simultanément une diminution de pression et une dilatation volumique ;

3) elle se déplace adiabatiquement de sa position extrémale chaude vers sa position extrémale froide en subissant une diminution de pression ;

4) elle continue à se déplacer jusqu'à sa position extrémale froide ; sa température est supérieure à la température des parois du stack ; elle rejette de la chaleur en subissant simultanément une augmentation de pression et une contraction volumique.

Le cycle décrit par la particule (le diagramme p-v de la Figure 1.18) produit donc une puissance acoustique (la surface de l'ellipse du diagramme p-v).

En comparant le cas d'un stack dans un moteur à onde progressive (Figure 1.18) avec celui d'un régénérateur dans le moteur (Figure 1.16), on remarque que la puissance acoustique produite par la particule de gaz est moindre dans le cas du stack. Cela est dû au contact thermique imparfait entre la particule de gaz et les parois du stack. En fait, le stack modifie légèrement l'onde progressive en une onde mixte stationnaire-progressive grâce à l'irréversibilité thermique.

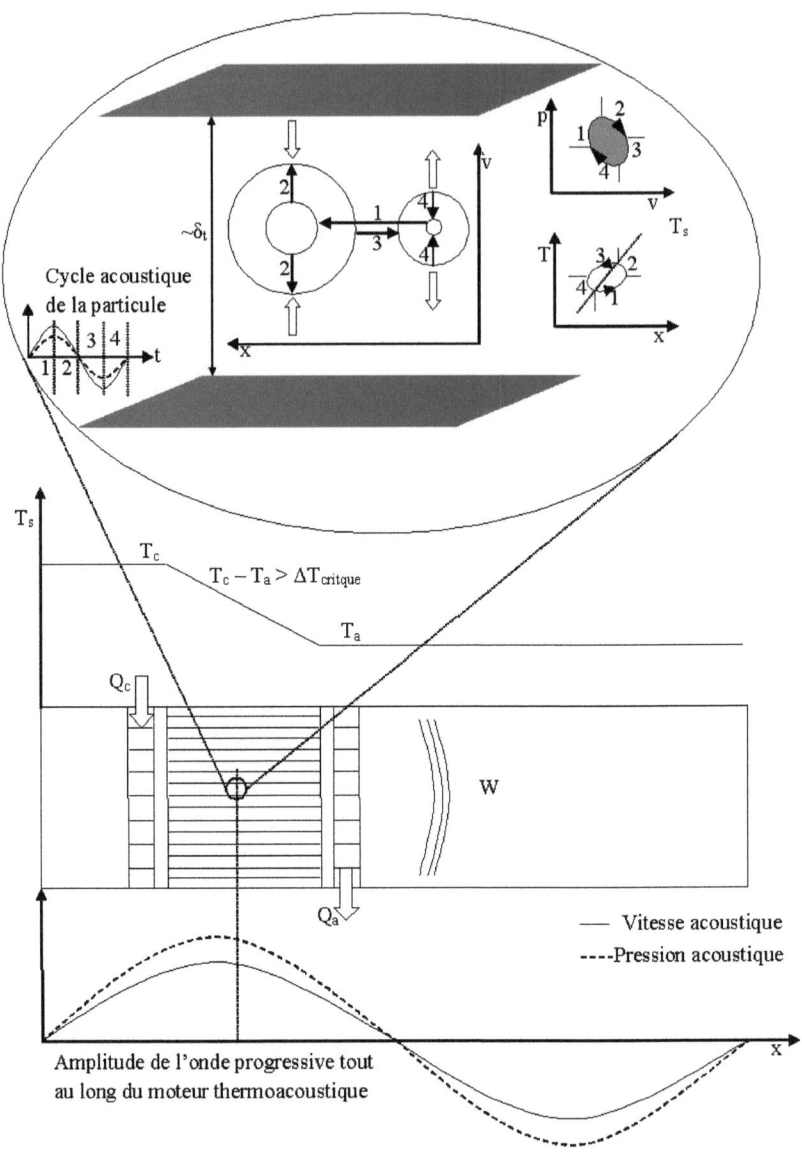

Figure 1.18. Principe de fonctionnement d'un moteur thermoacoustique à onde progressive avec un stack

On vient de voir que l'avantage du stack dans une onde stationnaire est la conversion de chaleur en puissance acoustique tandis que le régénérateur amplifie cette puissance. Swift [131] a donc combiné les deux (Figure 1.17) pour produire une puissance acoustique dans le stack et a utilisé une série de deux régénérateurs pour l'amplifier.

1.3.2.3 Stack dans un moteur thermoacoustique à onde mixte stationnaire/progressive

Dans le cas d'un moteur thermoacoustique à onde mixte stationnaire/progressive, la puissance acoustique produite par le stack va être comprise entre la valeur de la puissance acoustique produite par un moteur à onde stationnaire et celle produite par un moteur à onde progressive.

De plus, le stack peut jouer le rôle d'un amplificateur de la puissance acoustique lorsque celle ci entre du côté froid du stack et sort du côté chaud du stack.

1.3.3 Cas d'un rayon hydraulique très supérieure à l'épaisseur de la couche limite thermique $r_h >> \delta_t$

Dans le cas où le rayon hydraulique du milieu poreux d'un moteur thermoacoustique est grand devant la valeur de l'épaisseur de la couche limite thermique, la particule de gaz ne réalise aucune oscillation ni contact thermique avec les parois du milieu poreux. Ce cas n'a donc aucune utilité.

Remarque : une étude analogue a été faite pour les réfrigérateurs thermoacoustiques mais comme nous ne nous intéressons par la suite qu'aux moteurs thermoacoustiques, cette dernière est disponible en annexe A.

CHAPITRE 2

THEORIE THERMOACOUSTIQUE LINEAIRE ET FORMULATION DU PROBLEME

Dans ce chapitre, l'approximation thermoacoustique linéaire, développée par Rott [5], [19–24] et réécrite par Swift [34], sera décrite en se référant à la synthèse de ce dernier. Ensuite, elle sera appliquée aux équations de Navier-Stokes ainsi qu'à la première et à la deuxième loi de la thermodynamique. Puis, les avantages et les inconvénients d'utilisation de la théorie thermoacoustique linéaire seront identifiés. Dans un dernier temps, les simulations et les méthodes d'optimisation et de conception existantes à ce jour en thermoacoustique seront présentées en montrant leurs avantages et leurs limites.

2.1 Approximation thermoacoustique de Rott

L'approximation thermoacoustique linéaire proposée par Rott consiste à supposer que :

- L'onde acoustique de longueur d'onde λ se propage longitudinalement (c.à.d. dans la direction x) dans le gaz à l'intérieur d'un canal de longueur L et de section transversale arbitraire A sachant que :

    1) la longueur du tube est de l'ordre de la longueur d'onde ($L \sim \lambda$) ;

    2) la section du tube est beaucoup plus petite que la longueur d'onde au carré ($A \ll \lambda^2$) ;

    3) l'épaisseur de la couche limite thermique est beaucoup plus petite que la longueur d'onde ($\delta_t \ll \lambda$) ;

    4) l'épaisseur de la couche limite visqueuse est beaucoup plus petite que la longueur d'onde ($\delta_v \ll \lambda$) ;

    5) le gaz est considéré comme un gaz parfait et que sa viscosité de volume est nulle.

- Les variables pertinentes d'un problème thermoacoustique sont écrites sous les formes suivantes :

$$p(x,y,z,t) = \bar{p}_g + \Re[p_a(x)e^{i\omega t}] + p_2$$

$$u(x,y,z,t) = \bar{0} + \Re[u_a(x,y,z)e^{i\omega t}] + u_2 \; ; \; U(x,t) = \bar{0} + \Re[U_a(x)e^{i\omega t}] + U_2$$

$$T(x,y,z,t) = \bar{T}_g(x) + \Re[T_a(x,y,z)e^{i\omega t}] + T_2$$

$$\rho(x,y,z,t) = \bar{\rho}_g(x) + \Re[\rho_a(x,y,z)e^{i\omega t}] + \rho_2$$

$$s(x,y,z,t) = \bar{s}_g(x) + \Re[s_a(x,y,z)e^{i\omega t}] + s_2 \qquad (2.1)$$

$$h(x,y,z,t) = \bar{h}_g(x) + \Re[h_a(x,y,z)e^{i\omega t}] + h_2$$

$$\mu(x,y,z,t) = \mu(x)$$

$$k(x,y,z,t) = k(x)$$

$$c(x,y,z,t) = c(x)$$

- La pression de gaz, $p(x,y,z,t)$, est décomposée en trois termes :

    1) un terme moyen temporel et constant dans l'espace $\bar{p}_g$; $\bar{p}_g$ est une variable d'ordre 0 ;

    2) un terme acoustique oscillant de fréquence ω et d'amplitude axiale $p_a(x)$; p_a est une variable d'ordre 1 et elle est négligeable devant $\bar{p}_g$ (c.à.d. $p_a = O(\bar{p}_g)$ où O est le grand O de la notation de Landau) ;

    3) un terme de fluctuations p_2 ; p_2 est une variable d'ordre 2 et est de plus négligeable devant p_a (c.à.d. $p_2 = o(p_a)$ où o est le petit o de la notation de Landau). Le gradient transversal de la pression est considéré comme nul lorsqu'on néglige les effets de streaming.

- Les composantes transversales de la vitesse de gaz sont négligeables (c.à.d. $\vec{u} = u.\vec{x} + v.\vec{y} + v.\vec{z} = u.\vec{x}$). La composante x de la vitesse de gaz, $u(x,y,z,t)$, est scindée en trois termes :

    1) un terme moyen temporel négligeable ;

2) un terme acoustique oscillant à une fréquence ω et d'amplitude $u_a(x, y, z)$; $u_a = O(c)$ où c est la vitesse du son dans le gaz ;

3) un terme de fluctuations ; $u_2 = o(u_a)$.

D'autre part, la dérivée de la composante x de la vitesse du gaz par rapport à x est inversement proportionnelle à la longueur d'onde, soit :

$$\frac{\partial u}{\partial x} \sim \frac{1}{\lambda}$$

tandis que les dérivées de la composante x de la vitesse de gaz par rapport à y et z sont inversement proportionnelles à l'épaisseur de la couche limite thermique :

$$\frac{\partial u}{\partial y} \sim \frac{1}{\delta_t} \quad \text{et} \quad \frac{\partial u}{\partial z} \sim \frac{1}{\delta_t}$$

Par conséquent, $\frac{\partial u}{\partial x}$ est négligeable devant $\frac{\partial u}{\partial y}$ et $\frac{\partial u}{\partial z}$.

A noter que le débit volumique axial de gaz, $U(x, t)$, est l'intégrale de la composante x de la vitesse de gaz, $u(x, y, z, t)$, sur la section transversale A du canal.

- La température de gaz, $T(x, y, z, t)$, est décomposée en trois termes :

    1) un terme moyen temporel et axial dans l'espace $\bar{T}_g(x)$;

    2) un terme acoustique oscillant à une fréquence ω et d'une amplitude $T_a(x, y, z)$; $T_a = O(\bar{\bar{T}}_g)$;

    3) un terme de fluctuations ; $T_2 = o(T_a)$.

    La capacité calorifique des parois solides du tube est supposée suffisamment grande devant celle du gaz pour maintenir la température des parois solides de tube à la température moyenne axiale de gaz (c.à.d. $T_s(x, y, z, t) = \bar{T}_g(x)$).

- La masse volumique du gaz $\rho(x, y, z, t)$, l'entropie de gaz $s(x, y, z, t)$ et l'enthalpie de gaz $h(x, y, z, t)$ ont la même forme que la température de gaz.

- La viscosité dynamique de gaz $\mu(x,y,z,t)$ dépend de la température moyenne du gaz $\bar{T}_g(x)$. Donc, elle ne dépend pas du temps t ni des axes transversaux y et z.
- la conductivité thermique de gaz $k(x,y,z,t)$ et la vitesse de son dans le gaz $c(x,y,z,t)$ ont la même forme que la viscosité dynamique de gaz.

2.2 Application de l'approximation thermoacoustique de Rott sur les équations

2.2.1 Equation d'état d'un gaz parfait

L'équation d'état d'un gaz parfait est exprimée par:

$$p = \rho r T \qquad (2.2)$$

Où r est la constante thermodynamique du gaz considéré ($r = \frac{R}{M}$).

En appliquant les approximations de Rott dans l'Eq. (2.2), c.à.d. en remplaçant les valeurs de la pression, de la masse volumique et de la température de l'Eq. (2.1) dans l'Eq. (2.2), on obtient :

$$\bar{p}_g + \Re[p_a e^{i\omega t}] = (\bar{\rho}_g + \Re[\rho_a e^{i\omega t}]) r (\bar{T}_g + \Re[T_a e^{i\omega t}]) \qquad (2.3)$$

En développant l'Eq. (2.3), on obtient :

$$\bar{p}_g + \Re[p_a e^{i\omega t}] = \bar{\rho}_g r \bar{T}_g + \bar{\rho}_g r \Re[T_a e^{i\omega t}] + \Re[\rho_a e^{i\omega t}] r \bar{T}_g(x) + \Re[\rho_a e^{i\omega t}] r \Re[T_a e^{i\omega t}] \qquad (2.4)$$

En négligeant les termes d'ordre 1 et plus, on obtient l'ordre 0 de l'équation d'état d'un gaz parfait, soit $\bar{p}_g = \bar{\rho}_g r \bar{T}_g$. En gardant les variables d'ordre 1 et en négligeant les variables d'ordre 2 et plus, en sachant que le produit de deux variables d'ordre 1 donne une variable d'ordre 2, l'Eq. (2.4) devient :

$$p_a \Re[e^{i\omega t}] = \bar{\rho}_g r T_a \Re[e^{i\omega t}] + \bar{T}_g r \rho_a \Re[e^{i\omega t}] \Leftrightarrow p_a = \bar{T}_g r \rho_a + \bar{\rho}_g r T_a \qquad (2.5)$$

Finalement, l'ordre 1 de l'équation d'état d'un gaz parfait est :

$$\rho_a = \frac{\bar{\rho}_g}{\bar{p}_g} p_a - \frac{\bar{\rho}_g}{\bar{T}_g} T_a \qquad (2.6)$$

L'Eq. (2.6) pourra être aussi déduite en faisant la différentielle de l'Eq. (2.2), soit :

$$dp = Trd\rho + \rho r dT \tag{2.7}$$

En acoustique, la différentielle d'une variable est supposée approximativement égale à la valeur d'ordre 1 de la variable (c.à.d. $dp \sim p_a$, $d\rho \sim \rho_a$ et $dT \sim T_a$). En même temps, la variable est supposée négligeable devant la valeur d'ordre 0 de la variable, (c.à.d. $T \sim \bar{T}_g$ et $\rho \sim \bar{\rho}_g$). En prenant en compte ces approximations, l'Eq. (2.7) serait équivalente à l'Eq. (2.6).

D'autre part, la différentielle de l'entropie massique et de l'enthalpie massique s'écrivent respectivement:

$$ds = -\frac{1}{\rho T}dp + \frac{c_{pg}}{T}dT \tag{2.8}$$

$$dh = c_{pg}dT \tag{2.9}$$

En prenant en compte les approximations acoustiques susmentionnées, on obtient l'ordre 1 de l'Eq. (2.8) et de l'Eq. (2.9) :

$$s_a = -\frac{1}{\bar{\rho}_g \bar{T}_g}p_a + \frac{c_{pg}}{\bar{T}_g}T_a \tag{2.10}$$

$$h_a = c_{pg}T_a \tag{2.11}$$

2.2.2 Equations de Navier-Stokes

Les équations générales de Navier-Stokes, qui consistent à décrire le mouvement d'un fluide newtonien (un fluide visqueux ordinaire), sont :

Equation de conservation de masse :
$$\frac{\partial \rho}{\partial t} + \vec{\nabla}.(\rho \vec{u}) = 0 \tag{2.12}$$

Equation de quantité de mouvement :
$$\frac{\partial \rho \vec{u}}{\partial t} + \vec{\nabla}.(\rho \vec{u} \otimes \vec{u}) = -\vec{\nabla}p + \vec{\nabla}.\bar{\bar{\tau}} + \rho \vec{f} \tag{2.13}$$

Equation de conservation de l'énergie :
$$\frac{\partial}{\partial t}(\rho h_t - p) + \vec{\nabla}.(\rho h_t \vec{u}) = \vec{\nabla}.(\vec{u}.\bar{\bar{\tau}} - \vec{q}) + \rho \vec{f}.\vec{u} + q_r \tag{2.14}$$

Où, $\bar{\bar{\tau}}$ est le tenseur des contraintes visqueuses, $\vec{f}$ est la résultante des forces massiques s'exerçant sur le fluide, h_t est l'enthalpie totale, $\vec{q}$ est le flux thermique massique globale échangé avec l'extérieur et q_r est le flux thermique volumique de rayonnement échangé avec l'extérieur.

A noter que :

1) $\bar{\bar{\tau}} = \mu(\vec{\nabla}\vec{u} + \vec{\nabla}\vec{u}^t) + \zeta(\vec{\nabla}.\vec{u})\bar{\bar{I}}$ où ζ et $\bar{\bar{I}}$ sont respectivement la deuxième viscosité dynamique et la matrice unité ;

2) $\vec{f}$ et q_r sont négligeables ; 3) $h_t = h + \frac{|\vec{u}|^2}{2} = \epsilon + \frac{p}{\rho} + \frac{|\vec{u}|^2}{2} = e + \frac{p}{\rho}$ où $\frac{|\vec{u}|^2}{2}$, ϵ et e sont respectivement l'énergie cinétique, l'énergie interne et l'énergie totale.

L'hypothèse de stokes selon laquelle la viscosité de volume $\zeta + \frac{2}{3}\mu = 0$ conduit aux expressions de $\bar{\bar{\tau}}$ et $\vec{q}$ suivantes :

$$\bar{\bar{\tau}} = \mu(\vec{\nabla}\vec{u} + \vec{\nabla}\vec{u}^t) - \frac{2}{3}\mu(\vec{\nabla}.\vec{u})\bar{\bar{I}} \qquad (2.15)$$

$$\vec{q} = -k\vec{\nabla}T \qquad (2.16)$$

Ainsi, le mouvement de fluide est pratiquement considéré incompressible à l'égard de la divergence de la vitesse (c.à.d. $\vec{\nabla}.\vec{u} = 0$ alors le terme $\vec{\nabla}.\bar{\bar{\tau}}$ dans l'Eq. (2.13) se réduit au terme : $\mu\Delta\vec{u}$).

Dans le cadre de la thermoacoustique, les équations de Navier-Stokes utiles s'écrivent sous les formes suivantes :

Equation de conservation de masse simplifiée :

$$\frac{\partial \rho}{\partial t} + \vec{\nabla}.(\rho \vec{u}) = 0 \qquad (2.17)$$

Equation de quantité de mouvement simplifiée :

$$\rho\left(\frac{\partial \vec{u}}{\partial t} + (\vec{u}.\vec{\nabla})\vec{u}\right) = -\vec{\nabla}p + \mu \Delta \vec{u} \qquad (2.18)$$

Equation de conservation de l'énergie simplifiée :

$$\frac{\partial}{\partial t}(\rho h_t - p) + \vec{\nabla}.(\rho h_t \vec{u}) = \vec{\nabla}.(\vec{u}.\bar{\bar{\tau}} + k\vec{\nabla}T) \qquad (2.19)$$

En combinant les Eqs. (2.17), (2.18) et (2.19) et en prenant en compte que

$$h_t = \epsilon + \frac{p}{\rho} + \frac{|\vec{u}|^2}{2}$$

on en déduit l'équation générale du transfert d'énergie utilisé en thermoacoustique :

$$\rho T\left(\frac{\partial s}{\partial t} + \vec{u}.\vec{\nabla}s\right) = \vec{\nabla}.k\vec{\nabla}T + (\bar{\bar{\tau}}.\vec{\nabla}).\vec{u} \qquad (2.20)$$

2.2.2.1 Equation générale du transfert d'énergie

En remplaçant les variables de l'Eq. (2.20) par leurs grandeurs pertinentes dans l'Eq. (2.1), puis, en appliquant les approximations de Rott dans l'Eq. (2.20) et ensuite, en prenant en compte l'Eq. (2.10), on obtient l'ordre 1 de l'équation générale du transfert d'énergie :

$$\bar{\rho}_g c_{pg}\left(i\omega T_a + u_a \frac{d\bar{T}_g}{dx}\right) - i\omega p_a = k\left(\frac{\partial^2 T_a}{\partial y^2} + \frac{\partial^2 T_a}{\partial z^2}\right) \qquad (2.21)$$

L'Eq. (2.21) est une équation différentielle ordinaire de l'amplitude de la température oscillante $T_a(x, y, z)$ dont la solution est :

$$T_a(x,y,z) = \frac{1}{\bar{\rho}_g c_{pg}}(1 - h_t)p_a - \frac{1}{i\omega A}\frac{d\bar{T}_g}{dx}\frac{(1-h_t)-Pr(1-h_v)}{(1-g_v)(1-Pr)}U_a \qquad (2.22)$$

Où U_a est le débit volumique acoustique axial de gaz

En faisant la moyenne spatiale transversale de l'Eq. (2.22) à travers la section A du canal, on obtient l'amplitude de la température oscillante axiale :

$$< T_a > (x) = \frac{1}{\bar{\rho}_g c_{pg}}(1 - g_t)p_a - \frac{1}{i\omega A}\frac{d\bar{T}_g}{dx}\frac{(1-g_t)-Pr(1-g_v)}{(1-g_v)(1-Pr)}U_a \qquad (2.23)$$

Où

$Pr = \frac{\mu c_{pg}}{k} = \left(\frac{\delta_v}{\delta_t}\right)^2$ est le nombre de Prandtl ;

g_t est la fonction géométrique thermique de Rott qui :

- dépend de la géométrie du tube et de l'épaisseur de la couche limite thermique

- est la moyenne spatiale transversale de la fonction h_t ;

g_v est la fonction géométrique visqueuse de Rott qui :

- dépend de la géométrie du tube et de l'épaisseur de la couche limite visqueuse de Rott ;

- est la moyenne spatiale transversale de h_v.

Les fonctions géométriques thermique et visqueuse de Rott sont connues pour différentes géométries (voir la partie 2-2-3 pour en savoir plus de détails).

2.2.2.2 Equation de la quantité de mouvement

En remplaçant les variables de l'Eq. (2.18) par leurs expressions issues de l'Eq. (2.1), puis, en appliquant les approximations de Rott dans l'Eq. (2.18), on obtient l'ordre 1 de l'équation de la quantité de mouvement :

$$i\omega\bar{\rho}_g u_a = -\frac{dp_a}{dx} + \mu\left(\frac{\partial^2 u_a}{\partial y^2} + \frac{\partial^2 u_a}{\partial z^2}\right) \qquad (2.24)$$

L'Eq. (2.24) est une équation différentielle ordinaire de l'amplitude de la vitesse oscillante $u_a(x, y, z)$ dont la condition aux parois du résonateur est $u_a = 0$. La solution de cette équation est :

$$u_a = \frac{i}{\omega \bar{\rho}_g}(1 - h_v)\frac{dp_a}{dx} \qquad (2.25)$$

En faisant la moyenne spatiale transversale de l'Eq. (2.25), on obtient la relation entre la dérivée axiale de l'amplitude de la pression oscillante et l'amplitude du débit volumique oscillant :

$$\frac{dp_a}{dx} = -\frac{i\omega \bar{\rho}_g}{(1-g_v)A} U_a \qquad (2.26)$$

L'Eq. (2.26) est l'une des trois équations essentielles en thermoacoustique. Cette équation montre que le débit volumique acoustique de gaz génère un gradient axial de la pression acoustique. Si $g_v = 0$, la phase entre $\frac{dp_a}{dx}$ et U_a est 90°. Ainsi, la présence du terme g_v modifie la phase entre $\frac{dp_a}{dx}$ et U_a. Autrement dit $\frac{dp_a}{dx}$ découle d'une résistance à l'écoulement due à la viscosité du gaz présente dans le terme de g_v.

2.2.2.3 Equation de conservation de la masse

En remplaçant les variables de l'Eq. (2.17) par leurs expressions issues de l'Eq. (2.1) ; puis en appliquant les approximations de Rott dans l'Eq. (2.17), on obtient l'ordre 1 de l'équation de conservation de la masse :

$$i\omega \rho_a + \bar{\rho}_g \frac{du_a}{dx} + \frac{d\bar{\rho}_g}{dx} u_a = 0 \qquad (2.27)$$

L'Eq. (2.27) devient après avoir moyenné selon la section transversale A du canal :

$$i\omega <\rho_a> + \frac{\bar{\rho}_g}{A}\frac{dU_a}{dx} + \frac{d\bar{\rho}_g}{dx}\frac{U_a}{A} = 0 \qquad (2.28)$$

En injectant l'Eq. (2.23) dans la moyenne spatiale transversale de l'Eq. (2.6), on obtient :

$$<\rho_a> = \frac{\bar{\rho}_g}{\bar{p}_g} p_a - \frac{\bar{\rho}_g}{\bar{T}_g}\left(\frac{1}{\bar{\rho}_g c_{pg}}(1-g_t)p_a - \frac{1}{i\omega A}\frac{d\bar{T}_g}{dx}\frac{(1-g_t)-Pr(1-g_v)}{(1-g_v)(1-Pr)}U_a\right) \qquad (2.29)$$

En remplaçant l'Eq. (2.29) dans l'Eq. (2.28) et en prenant en compte que $c_{pg} = \frac{\gamma}{\gamma-1}\frac{\bar{p}_g}{\bar{\rho}_g \bar{T}_g}$ et que $\frac{1}{\bar{\rho}_g}\frac{d\bar{\rho}_g}{dx} = -\frac{1}{\bar{T}_g}\frac{d\bar{T}_g}{dx}$, on obtient finalement la relation entre la dérivée axiale de l'amplitude du débit volumique oscillant et l'amplitude de la pression oscillante et l'amplitude du débit volumique oscillant :

$$\frac{dU_a}{dx} = -\frac{i\omega A}{\gamma \bar{p}_g}[1 + (\gamma - 1)g_t]p_a + \frac{(g_t - g_v)}{(1-g_v)(1-Pr)}\frac{1}{\bar{T}_g}\frac{d\bar{T}_g}{dx}U_a \qquad (2.30)$$

L'Eq. (2.30) et l'Eq. (2.26) sont deux des trois équations essentielles en thermoacoustique et sont donc largement utilisées en thermoacoustique. En effet, elles permettent par exemple d'analyser l'évolution des amplitudes de la pression acoustique oscillante et du débit volumique acoustique oscillant à travers un canal dont la longueur, la section transversale et le gradient thermique axial le long du canal ($\frac{d\bar{T}_g}{dx}$ de l'Eq. (2.30)) sont supposés connus.

2.2.3 Fonctions géométriques thermique et visqueuse de Rott

Les fonctions géométriques thermique g_t et visqueuse g_v de Rott qui apparaissent dans les équations thermoacoustiques ont déjà été déterminées pour plusieurs formes géométriques. On les trouve dans les référencées [19], [64], [65]. Nous résumons leurs expressions ci-dessous.

2.2.3.1 Canal large de rayon hydraulique beaucoup plus grand que l'épaisseur de la couche limite thermique

Pour un canal large dont le rayon hydraulique est beaucoup plus grand que l'épaisseur de la couche limite thermique ($r_h \gg \delta_t$), les fonctions géométriques thermique et visqueuse de Rott sont respectivement :

$$g_t = \frac{(1-i)\delta_t}{2r_h}$$

$$g_v = \frac{(1-i)\delta_v}{2r_h}$$

(2.31)

Sachant que les épaisseurs des couches limites thermique et visqueuse sont obtenues par les relations :

$$\delta_t = \sqrt{2k/\omega\rho c_{pg}} = \sqrt{2K/\omega}$$
$$\delta_v = \sqrt{2\mu/\omega\rho} = \sqrt{2\nu/\omega}$$

(2.32)

2.2.3.2 Canal de plaques en parallèle

Pour un canal constitué de plaques en parallèle (Figure 2.1) offrant un rayon hydraulique $r_h = a$, les fonctions géométriques thermique et visqueuse de Rott sont respectivement :

$$g_t = \frac{\tanh\left(\sqrt{2i}\frac{r_h}{\delta_t}\right)}{\sqrt{2i}\frac{r_h}{\delta_t}}$$

$$g_v = \frac{\tanh\left(\sqrt{2i}\frac{r_h}{\delta_v}\right)}{\sqrt{2i}\frac{r_h}{\delta_v}}$$

(2.33)

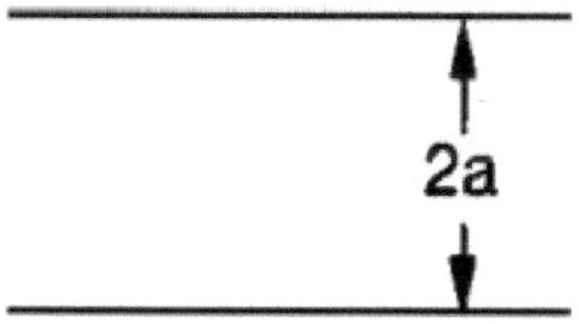

Figure 2.1. Canal de plaques en parallèle

2.2.3.3 Canal avec pore de section circulaire

Pour un canal constitué de pore circulaire (Figure 2.2) de rayon hydraulique $r_h = \frac{a}{2}$, les fonctions géométriques thermique et visqueuse de Rott sont respectivement :

$$g_t = \frac{2J_1((i-1)\frac{2r_h}{\delta_t})}{J_0((i-1)\frac{2r_h}{\delta_t})(i-1)\frac{2r_h}{\delta_t}}$$
$$g_v = \frac{2J_1((i-1)\frac{2r_h}{\delta_v})}{J_0((i-1)\frac{2r_h}{\delta_v})(i-1)\frac{2r_h}{\delta_v}}$$
(2.34)

Où, J_0 et J_1 sont respectivement les fonctions de Bessel de première espèce d'ordre 0 et d'ordre 1.

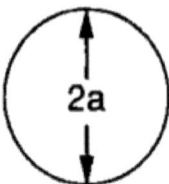

Figure 2.2. Canal de pore circulaire

2.2.3.4 Canal constitué d'un pore triangulaire équilatéral

Pour un canal de pore triangulaire équilatéral (Figure 2.3) de rayon hydraulique $r_h = \frac{a}{2\sqrt{3}}$, les fonctions géométriques thermique et visqueuse de Rott sont respectivement :

$$g_t = \frac{\delta_t}{(1+i)r_h}\coth\left(\frac{3r_h(1+i)}{\delta_t}\right) + i\frac{\delta_t^2}{6r_h^2}$$
$$g_v = \frac{\delta_v}{(1+i)r_h}\coth\left(\frac{3r_h(1+i)}{\delta_v}\right) + i\frac{\delta_v^2}{6r_h^2}$$
(2.35)

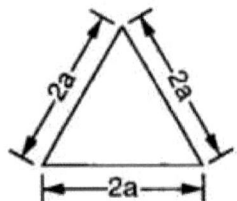

Figure 2.3. Canal de pore triangulaire équilatéral

2.2.3.5 Canal de pore de forme rectangulaire

Pour un canal de pore rectangulaire (Figure 2.4) de rayon hydraulique $r_h = \frac{ab}{a+b}$ et le rapport de forme, $X_{SPR} = b/a$, les fonctions géométriques thermique et visqueuse de Rott sont respectivement :

$$g_t = 1 - \frac{64}{\pi^4} \sum_{m,n\ odd} \frac{1}{m^2 n^2 C_{mnt}}$$
$$g_v = 1 - \frac{64}{\pi^4} \sum_{m,n\ odd} \frac{1}{m^2 n^2 C_{mnv}}$$
(2.36)

Où

$$C_{mnt} = 1 - i\frac{\pi^2 \delta_t^2}{8r_h^2}\left(\frac{m^2 + n^2 X_{SPR}^2}{(X_{SPR}+1)^2}\right)$$
$$C_{mnv} = 1 - i\frac{\pi^2 \delta_v^2}{8r_h^2}\left(\frac{m^2 + n^2 X_{SPR}^2}{(X_{SPR}+1)^2}\right)$$
(2.37)

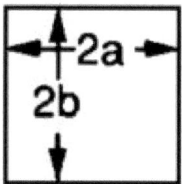

Figure 2.4. Canal de pore rectangulaire

2.2.3.6 Canal à aiguilles ou « pin-array »

Pour un canal de « pin-array » (Figure 2.5) de rayon hydraulique $r_h = \frac{r_0^2 - r_i^2}{2r_i}$ et ayant le rapport des rayons $X_{SPA} = \frac{r_0}{r_i}$, les fonctions géométriques thermique et visqueuse de Rott sont respectivement :

$$g_t = \frac{\delta_t}{(1-i)r_h} \frac{Y_1(z_{t0})J_1(z_{ti}) - J_1(z_{t0})Y_1(z_{ti})}{Y_1(z_{t0})J_0(z_{ti}) - J_1(z_{t0})Y_0(z_{ti})}$$

$$g_v = \frac{\delta_v}{(1-i)r_h} \frac{Y_1(z_{v0})J_1(z_{vi}) - J_1(z_{v0})Y_1(z_{vi})}{Y_1(z_{v0})J_0(z_{vi}) - J_1(z_{v0})Y_0(z_{vi})}$$

(2.38)

Où $z = (i-1)r/\delta$; Y_0 et Y_1 sont respectivement les fonctions de Bessel de deuxième espèce (fonctions de Neumann) d'ordre 0 et d'ordre 1.

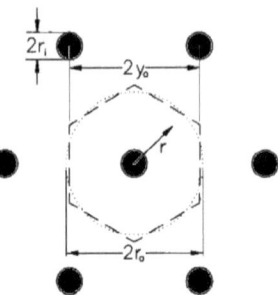

Figure 2.5. Canal de pin-array

2.2.4 Puissance acoustique

En thermoacoustique, une puissance (acoustique par exemple) est représentée par un produit entre deux variables d'ordre 1 (comme p_a, U_a, h_a, etc.), donc la puissance est une variable d'ordre 2.

La puissance acoustique moyenne dans le temps (pour la durée d'une période acoustique) et moyenne dans l'espace (à travers la section transversale A du canal) est calculée à l'aide de l'équation suivante:

$$W(x) = \frac{\omega}{2\pi} \oint \Re[p_a(x)e^{i\omega t}]\Re[U_a(x)e^{i\omega t}]\, dt = \frac{1}{2}|p_a||U_a|\cos(\phi_p - \phi_U) = \frac{1}{2}\Re[p_a\tilde{U}_a]$$
$$= \frac{1}{2}\Re[\tilde{p}_a U_a]$$

(2.39)

Où le tilde chassant sur une variable complexe dans l'Eq. (2.39) signifie qu'il s'agit de la partie conjuguée de la dite variable complexe.

Comme remarqué dans l'Eq. (2.39), la puissance acoustique dépend du produit des amplitudes de la pression acoustique oscillante et du débit volumique acoustique oscillant ainsi que de leur différence de phase. Si la différence de phase est de 90° (comme dans une onde acoustique stationnaire pure), la puissance est nulle et si elle est de 0° (comme dans une onde acoustique progressive pure) la puissance produite est maximale.

En dérivant l'Eq. (2.39) par rapport à une longueur *dx* du canal, on obtient :

$$\frac{dW(x)}{dx} = \frac{1}{2}\Re\left[\tilde{U}_a \frac{dp_a}{dx} + \tilde{p}_a \frac{dU_a}{dx}\right] \quad (2.40)$$

A l'aide des expressions de $\frac{dp_a}{dx}$ de l'Eq. (2.26) et de $\frac{dU_a}{dx}$ de l'Eq. (2.30), la variation de la puissance acoustique dans la longueur *dx* est ainsi exprimée par :

$$\frac{dW(x)}{dx} = \frac{1}{2}\Re[g\,\tilde{p}_a\,U_a] - \frac{r_v}{2}|U_a|^2 - \frac{1}{2r_t}|p_a|^2 \quad (2.41)$$

Où $r_v = \frac{\omega\bar{\rho}_g}{A|1-g_v|^2}\Im[-g_v]$ est la résistance visqueuse, $\frac{1}{r_t} = \frac{\gamma-1}{\gamma}\frac{\omega A}{\bar{p}_g}\Im(-g_t)$ est la résistance de relaxation thermique et le terme « source » est $g = \frac{(g_t - g_v)}{(1-g_v)(1-Pr)}\frac{1}{\bar{T}_g}\frac{d\bar{T}_g}{dx}$.

Les termes 2 et 3 de l'Eq. (2.41) sont toujours négatifs et ils représentent la perte de la puissance acoustique due aux résistances thermique et visqueuse sur la longueur *dx* du canal. Le terme 1 de l'Eq. (2.41) peut donc être positif ou négatif. Ce terme est très important en thermoacoustique. S'il est positif et suffisamment grand pour compenser les pertes dues aux termes 1 et 2 (c.à.d. $\frac{dW(x)}{dx} > 0$), la machine thermoacoustique est un moteur. Dans le cas où il est négatif, la machine thermoacoustique est un récepteur (par exemple un réfrigérateur).

2.2.5 Puissance totale

La densité de la puissance totale transportée par un fluide en thermoacoustique est déduite à partir de l'équation de conservation d'énergie (Eq. (2.19)):

$$\left(\rho h + \frac{1}{2}\rho|\vec{u}|^2\right).\vec{u} - k\vec{\nabla}T - \vec{u}.\bar{\bar{\tau}} \quad (2.42)$$

On applique tout d'abord les approximations thermoacoustiques de Rott dans l'Eq. (2.42), puis dans la relation obtenue, on néglige les variables d'ordre supérieur à 3 puisque la puissance en thermoacoustique est une variable d'ordre 2. On moyenne ensuite dans le temps (pour une période acoustique) et on intègre sur la section transversale A du canal. On obtient alors l'expression de la puissance totale transportée par un fluide en thermoacoustique :

$$H(x) = \frac{1}{2}\bar{\rho}_g \int_A \Re[h_a \tilde{u}_a] \, dA - (Ak + A_s k_s)\frac{d\bar{T}_g}{dx} \tag{2.43}$$

A l'aide de l'Eq. (2.11), l'Eq. (2.43) devient :

$$H(x) = \frac{1}{2}\bar{\rho}_g c_{pg} \int_A \Re[T_a \tilde{u}_a] \, dA - (Ak + A_s k_s)\frac{d\bar{T}_g}{dx} \tag{2.44}$$

Ensuite, en utilisant les Eqs. (2.22) et (2.25) dans l'Eq. (2.44) et en intégrant sur la section transversale, on obtient la formule générale de la puissance totale :

$$H(x) = \frac{1}{2}\Re[p_a \tilde{U}_a] + \frac{1}{2}\Re\left[p_a \tilde{U}_a \frac{\tilde{g}_v - g_t}{(1-\tilde{g}_v)(1+Pr)}\right] \\ + \left(\frac{\bar{\rho}_g c_{pg}}{2\omega A(1-Pr^2)|1-g_v|^2}|\tilde{U}_a|^2 \Im[g_t + Pr\tilde{g}_v]\right)\frac{d\bar{T}_g}{dx} - (Ak + A_s k_s)\frac{d\bar{T}_g}{dx} \tag{2.45}$$

En fait, l'Eq. (2.45) montre que la puissance totale transportée par un fluide en thermoacoustique est composée de trois puissances (Eq. (2.46)) :

1) une puissance mécanique (acoustique) transportée par le fluide $W(x)$ (Eq. (2.47)) ;

2) une puissance « chaleur » transportée par le fluide $Q(x)$ (Eq. (2.48)) ;

3) une puissance thermique conduite par le fluide et le solide entre les deux échangeurs, $Q_{cond}(x)$, qui ne pourra pas être convertie en travail (Eq. (2.49)) :

$$H(x) = W(x) + Q(x) + Q_{cond}(x) \qquad (2.46)$$

$$W(x) = \frac{1}{2}\Re[p_a \tilde{U}_a] \qquad (2.47)$$

$$Q(x) = \frac{1}{2}\Re\left[p_a \tilde{U}_a \frac{\tilde{g}_v - g_t}{(1 - \tilde{g}_v)(1 + Pr)}\right] + \left(\frac{\bar{\rho}_g c_{pg}}{2\omega A(1 - Pr^2)|1 - g_v|^2}|\tilde{U}_a|^2 \Im[g_t + Pr\tilde{g}_v]\right)\frac{d\bar{T}_g}{dx} \qquad (2.48)$$

$$Q_{cond}(x) = -(Ak + A_s k_s)\frac{d\bar{T}_g}{dx} \qquad (2.49)$$

L'Eq. (2.45) peut être écrite sous la forme suivante :

$$\frac{d\bar{T}_g}{dx} = \frac{H - \frac{1}{2}\Re\left[p_a \tilde{U}_a(1 + \frac{\tilde{g}_v - g_t}{(1 - \tilde{g}_v)(1 + Pr)})\right]}{(\frac{\bar{\rho}_g c_{pg}}{2\omega A(1 - Pr^2)|1 - g_v|^2}|\tilde{U}_a|^2 \Im[g_t + Pr\tilde{g}_v] - Ak - A_s k_s)} \qquad (2.50)$$

Comme nous l'avons signalé avant, les Eqs. (2.26), (2.30) et (2.50) sont les trois équations fondamentales en thermoacoustique. Elles forment un système d'équations différentielles non linéaires d'ordre 1 de p_a, de U_a et de $\frac{d\bar{T}_g}{dx}$ (Eqs. (2.51). Ce système qui n'a pas de solution analytique est l'élément essentiel pour les codes de simulation thermoacoustique comme DeltaEC dont l'objectif est de résoudre ce système.

$$\begin{pmatrix} \frac{dp_a}{dx} \\ \frac{dU_a}{dx} \\ \frac{d\bar{T}_g}{dx} \end{pmatrix} = \begin{pmatrix} -\frac{i\omega\bar{\rho}_g}{(1-g_v)A}U_a \\ -\frac{i\omega A}{\gamma\bar{p}_g}[1 + (\gamma-1)g_t]p_a + \frac{(g_t-g_v)}{(1-g_v)(1-Pr)}\frac{1}{\bar{T}_g}\frac{H-\frac{1}{2}\Re[p_a\tilde{U}_a(1+\frac{\tilde{g}_v-g_t}{(1-\tilde{g}_v)(1+Pr)})]}{\frac{\bar{\rho}_g c_{pg}}{2\omega A(1-Pr^2)|1-g_v|^2}|\tilde{U}_a|^2\Im[g_t+Pr\tilde{g}_v]-Ak-A_sk_s}U_a \\ \frac{H-\frac{1}{2}\Re[p_a\tilde{U}_a(1+\frac{\tilde{g}_v-g_t}{(1-\tilde{g}_v)(1+Pr)})]}{\frac{\bar{\rho}_g c_{pg}}{2\omega A(1-Pr^2)|1-g_v|^2}|\tilde{U}_a|^2\Im[g_t+Pr\tilde{g}_v]-Ak-A_sk_s} \end{pmatrix} \qquad (2.51)$$

2.2.6 Premier principe de la thermodynamique

Le premier principe de la thermodynamique est le principe de conservation de l'énergie. Dans le cas de systèmes échangeant de l'énergie avec le monde extérieur en vue de la convertir en énergie mécanique (ou inversement), on distingue le cas des moteurs thermoacoustiques et le cas des réfrigérateurs thermoacoustiques.

Le moteur thermoacoustique (Figure 2.6) absorbe une quantité de la chaleur, Q_c, à partir d'une source de chaleur à une température chaude, T_c. Une partie de cette chaleur permet de produire, en sortie de l'échangeur froid, une puissance acoustique, W, tandis que la chaleur restante , $Q_{a,m}$, est récupérée par l'échangeur froid. Donc, d'après la loi de conservation de l'énergie, on a :

$$Q_c = W + Q_{a,m} \qquad (2.52)$$

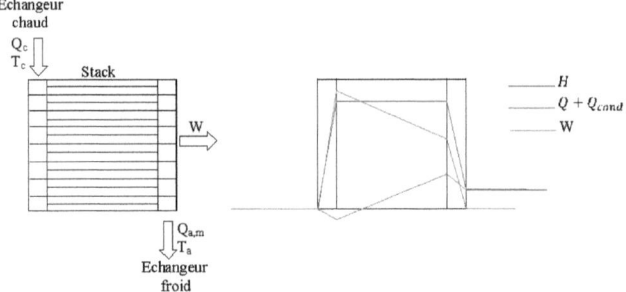

Figure 2.6. Bilan d'énergie dans un moteur thermoacoustique. Représentation des échanges du système à gauche. Représentation des flux axiaux à droite.

En comparant l'Eq. (2.52) avec l'Eq. (2.46), on en déduit que dans le cas d'un moteur thermoacoustique (voir l'Eq. (2.53)):

1) la puissance totale portée par le fluide, H, doit être égale à la quantité de la chaleur apportée au moteur dans l'échangeur chaud, Q_c ; H apparait en rouge dans la partie droite de la Figure 2.6 et Q_c n'est pas représentée.

2) la quantité de la chaleur à rejeter du moteur, $Q_{a,m}$, doit être égale à la quantité de la chaleur restante dans le fluide, $Q + Q_{cond}$ (en bleu marine sur la partie droite de la Figure 2.6), après avoir produit une puissance acoustique, W (en vert sur la partie droite de la Figure 2.6).

$$H = Q_c$$
$$Q_{a,m} = Q + Q_{cond}$$
(2.53)

Dans le cas d'un réfrigérateur thermoacoustique (Figure 2.7), une puissance acoustique, W, est fournie au réfrigérateur pour pomper une quantité de la chaleur, Q_f, à une température froide, T_f, et rejette la quantité de la chaleur résultante, $Q_{a,r}$, à une température ambiante, T_a. Donc, d'après la loi de conservation de l'énergie, on a :

$$W + Q_f = Q_{a,r} \qquad (2.54)$$

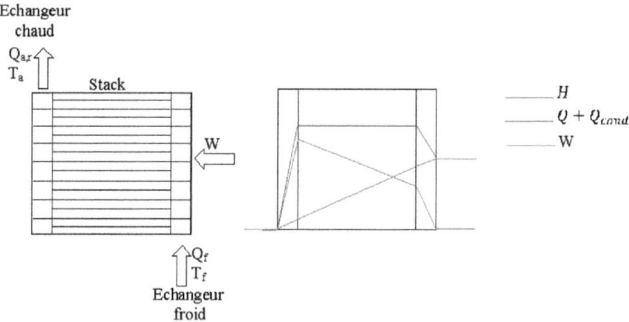

Figure 2.7. Bilan d'énergie dans un réfrigérateur thermoacoustique. Représentation des échanges du système à gauche. Représentation des flux axiaux à droite.

En comparant l'Eq. (2.54) avec l'Eq. (2.46), on en déduit que dans le cas d'un réfrigérateur thermoacoustique (voir l'Eq. (2.55)):

1) la puissance totale portée par le fluide, H (en rouge sur la partie droite de la Figure 2.7)), doit être égale à la quantité de la chaleur pompée par le réfrigérateur, Q_f, plus la puissance acoustique fournie au réfrigérateur, W (en vert sur la partie droite de la Figure 2.7);

2) la quantité de la chaleur à rejeter du réfrigérateur, $Q_{a,r}$, doit être égale à la puissance totale portée par le fluide H.

$$H = Q_f + W$$
$$Q_{a,r} = Q + Q_{cond} + W$$
(2.55)

Finalement, pour déterminer la quantité de la chaleur absorbée ou rejetée aux échangeurs par une machine thermoacoustique (Q_c, $Q_{a,m}$, $Q_{a,r}$ ou Q_f), Swift [36] a donné les expressions suivantes qui seront utilisées par simplicité (et ignorance de meilleurs modèles) dans les codes de simulation :

Dans le cas d'un moteur thermoacoustique :

$$Q_c = \frac{k}{y_{eff}} \frac{x_{eff}}{r_h} A(T_c - \bar{T}_g)$$

$$Q_{a,m} = \frac{k}{y_{eff}} \frac{x_{eff}}{r_h} A(T_a - \bar{T}_g)$$

Dans le cas d'un réfrigérateur thermoacoustique :

$$Q_{a,r} = \frac{k}{y_{eff}} \frac{x_{eff}}{r_h} A(T_a - \bar{T}_g)$$

$$Q_f = \frac{k}{y_{eff}} \frac{x_{eff}}{r_h} A(T_f - \bar{T}_g)$$

(2.56)

Où, $x_{eff} = \min\left[2|\xi_a| = 2\frac{|U_a|}{\omega A}; L_{éch}\right]$; $y_{eff} = \min[\delta_t; r_h]$; $L_{éch}$ étant la longueur de l'échangeur.

2.2.7 Efficacité éxergétique

Le rendement éxergétique d'un moteur thermoacoustique, $\eta_{ex,m}$, ou l'efficacité éxergétique et celle d'un réfrigérateur thermoacoustique, $\eta_{ex,r}$, sont simplement exprimées par rapport aux rendements de Carnot respectifs des machines parfaites (sans irréversibilités, ni internes, ni externes), soit :

$$\eta_{ex,m} = \frac{W}{Q_c} \frac{T_c}{T_c - T_a}$$

$$\eta_{ex,r} = \frac{Q_f}{W} \frac{T_a - T_f}{T_f}$$

(2.57)

2.3 Formulation du problème

Pour déterminer l'évolution de la pression acoustique, du débit volumique acoustique, de la température moyenne du gaz dans une machine thermoacoustique, ainsi que son efficacité éxergétique et la puissance acoustique produite ou consommée par cette machine, il faut résoudre le système des équations différentielles non-linéaires d'ordre 1 (Eqs. (2.51)) dans toute les zones de la machine. Comme signalé précédemment, ce système n'a pas de solution analytique, il est donc nécessaire de passer par sa résolution numérique (approximative). La méthode de Runge-Kutta d'ordre 4 sera utilisée pour intégrer numériquement le système. Cependant, on distingue deux cas dans la résolution numérique des Eqs. (2.51) :

1) le cas d'un problème aux valeurs initiales « PVI » ;

2) le cas d'un problème aux valeurs aux limites « PVL ».

Pour bien illustrer la difficulté de cette résolution et la différence entre ces deux cas, on va s'appuyer sur une étude appliquée à un moteur thermoacoustique.

2.3.1 Résolution numérique pour un moteur thermoacoustique

Basons-nous sur le moteur thermoacoustique de la Figure 2.8. Ce moteur est divisé en 5 zones ayant chacune une configuration géométrique bien définie.

- La zone 1 est la zone dans laquelle le gaz est à une température moyenne constante, en fait celle de la source chaude.
- La zone 2 est la zone où se situe l'échangeur chaud. La puissance chaude du système est injectée dans cette zone, c.à.d. que l'on a comme expliqué précédemment, $H = Q_c$. De plus, ici, la température moyenne du gaz est supposée constante et uniforme.
- La zone 3 est la zone du stack. La puissance acoustique W est produite dans cette zone à partir de la quantité de chaleur injectée dans la zone 2.

- La zone 4 est la zone de l'échangeur froid qui a pour rôle de récupérer et évacuer la quantité de chaleur $Q_{a,m}$ restante dans le moteur. La température moyenne du gaz dans cette zone est considérée comme constante et égale à celle du milieu ambiant extérieur.
- La zone 5 est la zone dans laquelle la température du gaz est supposée être à la température ambiante et rester constante. De plus, c'est la zone où la puissance acoustique produite par le noyau thermoacoustique (stack) serait utilisé pour générer de l'électricité ou pour exciter un refroidisseur.

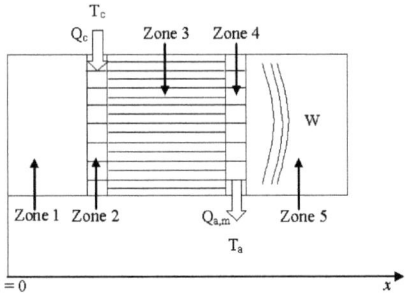

Figure 2.8. Moteur thermoacoustique

Enfin, on suppose que la nature du gaz de travail, la fréquence de cycles et la pression moyenne sont données. Ensuite, chaque zone est discrétisée en N pas numériques et la résolution numérique, c.à.d. l'intégration des équations, se fait en appliquant la méthode de Runge-Kutta d'ordre 4 depuis $x = 0$ (début de la zone 1) jusqu'à la fin de la zone 5. Il est à noter qu'à la frontière entre deux zones, la pression acoustique, le débit volumique acoustique et la température moyenne du gaz doivent assurer la continuité de leurs valeurs.

2.3.1.1 Problème aux valeurs initiales « PVI »

Supposons que les valeurs de $p_a(x=0)$, $U_a(x=0)$ et $\bar{T}_g(x=0)$ ainsi que la puissance totale H injectée dans le moteur soient connues. Cela signifie que toutes les valeurs des membres de droite du système des Eqs. (2.51) à la position $x=0$ sont connues. Donc, dans ce cas, il suffit de résoudre numériquement le système des Eqs. (2.51) une seule fois pour déterminer l'évolution de $p_a(x)$, de $U_a(x)$ et de $\bar{T}_g(x)$ ainsi que la puissance acoustique produite par le moteur et son rendement éxergétique.

2.3.1.2 Problème de valeurs aux limites « PVL »

Maintenant, supposons que l'on connaisse la température moyenne du gaz dans l'échangeur froid (paramètre cible) au lieu de la puissance totale H (paramètre estimé) qui devient inconnue et à déterminer. Dans ce cas, on donne à la puissance totale H une valeur initiale. Puis, à partir de cette valeur, on résout numériquement le système des Eqs. (2.51) de manière à déterminer l'évolution de $p_a(x)$, de $U_a(x)$ et de $\bar{T}_g(x)$ dans toutes les zones du moteur. Si la valeur de la température moyenne du gaz dans l'échangeur froid est loin de la valeur cible, on modifie la valeur initiale de H par une autre valeur. Ensuite, on résout de nouveau le système des Eqs. (2.51). Et ainsi de suite jusqu'à trouver la valeur de H qui amène à la valeur cible de la température moyenne du gaz dans l'échangeur froid. Ainsi, on dit que cette valeur de H est la valeur réelle qui correspond à la valeur cible. Cette procédure s'appelle « méthode de tir[3] » dont le temps de calcul dépend de la rapidité de convergence, (c.à.d. de la rapidité à déterminer la valeur réelle du paramètre estimé qui correspond à la valeur du paramètre cible). Evidemment, plus la convergence est rapide, plus le temps de calcul est faible. Pour limiter le temps de calcul dans un problème de ce

---

[3] « shooting method » en anglais

type en thermoacoustique, il faut avoir au préalable une compréhension précise du fonctionnement de la machine thermoacoustique étudiée ce qui n'est pas évident. A noter que la plupart des cas des problèmes thermoacoustiques sont des PVL avec plusieurs paramètres cibles. Nous allons chercher à réduire le temps de calcul de résolution d'un PVL afin de pouvoir utiliser une méthode d'optimisation multiobjectif. Le but final étant de trouver des solutions optimales lors de l'optimisation des machines thermoacoustiques complètes et ce en fonction d'un grand nombre de paramètres de conception.

2.4 Simulations numériques en thermoacoustique

Le code de simulation DeltaEC développé par Swift et Ward[35], [36] est le code le plus utilisé par les thermoacousticiens. Il est basé sur la théorie thermoacoustique linéaire développé par Rott. Ce code permet de concevoir une machine thermoacoustique ainsi que de prédire ses performances. Autrement dit, il résout numériquement, selon la méthode de Runge-Kutta d'ordre 4, le système des Eqs. (2.51) pour déterminer l'évolution de la pression acoustique, du débit volumique acoustique et de la température moyenne du gaz à travers une machine thermoacoustique complète. Il permet aussi bien de résoudre un PVI que de résoudre un PVL en utilisant une méthode de tir qui ne converge seulement et seulement que si et seulement si les valeurs initiales des paramètres estimées sont proches de leurs valeurs réelles (les valeurs qui permettent d'obtenir les valeurs désirées des paramètres cibles). Pour surmonter cette faiblesse du logiciel DeltaEC, Swift [54] a proposé d'utiliser avant de lancer DeltaEC une technique de calcul approximatif nommé[4] « l'approximation du stack court ». Cette technique a pour objectif de calculer les valeurs initiales des paramètres estimés qui permettent au logiciel DeltaEC de converger lorsqu'un PVL est utilisé.

L'approximation du stack court est basée sur les trois hypothèses suivantes :

---

[4] « short engine approximation » en anglais

- La longueur du stack est beaucoup plus petite que la longueur d'onde. Ce qui signifie que la pression acoustique et le débit volumique acoustique sont considérés constants dans le stack. Autrement dit, la présence du stack dans le champ acoustique ne modifie pas la structure de l'onde acoustique.
- La différence de température entre les deux extrémités du stack est beaucoup plus petite que la température moyenne dans le stack. Cette hypothèse considère que les propriétés thermophysiques du gaz sont constantes à l'intérieur du stack.
- Le rayon hydraulique du stack est supérieur aux épaisseurs des couches limites thermique et visqueuse. Cette hypothèse permet la simplification des fonctions géométriques thermique et visqueuse de Rott.

Toutefois, à partir d'un drive ratio de 6% à 7% de la pression moyenne[83], l'erreur entre les résultats obtenus par DeltaEC et les résultats expérimentaux augmentent significativement surtout à cause des effets de streaming et de turbulence que la théorie linéaire de Rott ignore. Afin de surmonter cette faiblesse dans la théorie thermoacoustique linéaire, Worlikar [99] a développé un modèle de simulation 2D d'écoulement instationnaire à faible nombre de Mach dans un stack soumis à une onde stationnaire. Karpov [90] a présenté un modèle 1D temporel et non-linéaire pour les machines thermoacoustiques. Des études [71], [78], [158–163] similaires aux travaux de Worlikar et Karpov ont été publiées à ce jour. Bien que les simulations en thermoacoustique d'écoulement instationnaire et 2D permettent de prédire les effets non-linéaires et d'offrir une précision plus élevée que la théorie thermoacoustique linéaire de Rott dans les cas où le drive ratio est élevé, le coût de calcul de ces simulations reste beaucoup plus élevé comparativement à ceux de simulations basées sur la théorie thermoacoustique linéaire de Rott. Du coup, ce type de simulation linéaire reste privilégié surtout lorsque le drive ratio est de moins de 6% à 7% de la pression moyenne.

2.5 Méthodes d'optimisation en thermoacoustique

A partir des années 90, suite à la validation expérimentale de la théorie thermoacoustique linéaire de Rott, plusieurs études expérimentales d'optimisation paramétrique ont été réalisées [164–166], [167], [168], [169], [170], [171], [172], [173], [174], [175]. D'autres études d'optimisation paramétrique mais de caractère théorique basée sur la théorie thermoacoustique linéaire de Rott ont été aussi réalisées à ce jour [124], [125], [176], [177], [178], [179], [180], [181], [182], [183–186], [187], [188], [189], [190], [191], [192].

Chaque étude d'optimisation paramétrique qu'elle soit expérimentale ou théorique est un atout précieux pour les futures recherches en thermoacoustique, car elle donne plus de détails sur la conception et la réalisation d'une machine thermoacoustique en vue de hautes performances. Cependant, ces études ne sont pas des outils de conception efficaces et absolus des machines thermoacoustiques entières. En effet, il existe un nombre élevé des paramètres de conception qui ont un impact sur la performance de la machine. A titre d'exemple, dans le moteur thermoacoustique de la Figure 2.8, on peut compter jusqu'à 20 paramètres de conception rien qu'en prenant en considération les paramètres physiques et géométriques. De plus, le temps de calcul en série sur une unité centrale de traitement (CPU) d'un ordinateur (Intel Core 2 Duo de vitesse de processeur de 2.26 GHZ et de RAM de 2.99 GB) pour résoudre le système des Eqs. (2.51) d'un PVL est de l'ordre d'une seconde. A titre d'exemple, pour étudier l'impact de deux paramètres différents sur la performance d'une machine thermoacoustique (avec un millier de valeurs de chaque paramètre), le système des Eqs. (2.51) doit être résolu un million de fois ce qui est équivalent à douze jours de temps de calcul ! Les recherches actuelles d'amélioration des optimisations paramétriques visent donc à réduire le temps de calcul en étudiant seulement l'impact d'un nombre très limité de paramètres de conception sur la performance de la machine.

Olson et swift [193] ont appliqué le principe de la similitude (théorie de l'analyse dimensionnelle) à la conception d'un système thermoacoustique. Ce principe réduit le nombre des paramètres de conception en les associant dans un nombre réduit de paramètres adimensionnels afin de limiter le champ expérimental et de réduire le temps de calcul des tests. Minner [194–196] a été le premier à développer un outil d'optimisation et de conception pour les réfrigérateurs thermoacoustiques excités au moyen d'une source d'onde acoustique. Il a combiné :

1) le logiciel DeltaEC pour calculer la performance d'un réfrigérateur thermoacoustique ;

2) l'algorithme du simplexe, qui est un algorithme d'optimisation linéaire, pour maximiser le coefficient de performance de réfrigérateur en fonction d'un nombre élevé des paramètres de conception.

Cet outil d'optimisation commence en initialisant une configuration du réfrigérateur puis, il lance le logiciel DeltaEC pour calculer la performance de la configuration initialisée du réfrigérateur. Ensuite, il modifie la valeur d'un seul des paramètres de conception à optimiser et relance le logiciel DeltaEC pour calculer le coefficient de performance de la nouvelle configuration du réfrigérateur. Et ainsi de suite jusqu'à ce qu'il optimise le coefficient de performance du réfrigérateur en fonction de ce seul paramètre de conception. Ensuite, il passe à l'optimisation d'un deuxième paramètre de conception de manière analogue. L'opération se répète autant de fois qu'il y a de paramètres. En fait, l'utilisation de l'algorithme du simplexe, qui permet de faire une optimisation paramétrique séquentielle pour tous les paramètres de conception, ne converge que vers un optimum local. De plus, le fait de lancer le logiciel DeltaEC à chaque itération pour évaluer le coefficient de performance de réfrigérateur pour chaque nouvelle configuration augmente le temps de calcul très significativement. Plus tard, Paek [197] a utilisé avec succès cet algorithme pour maximiser le coefficient de performance pour plusieurs modèle de réfrigérateurs thermoacoustiques à onde stationnaire.

Wetzel [198] a développé un autre outil d'optimisation et de conception pour les réfrigérateurs thermoacoustiques excités par une source acoustique. Son outil était basé sur l'approximation du stack court développée par Swift [54]. Ainsi, il réduisait le nombre des paramètres de conception de 19 à 6 paramètres adimensionnels. Cela lui permettait de faire une optimisation paramétrique du coefficient de performance en fonction des 6 paramètres de conception adimensionnels. L'utilisation de l'approximation du stack court ne garantit pas des résultats précis. En effet, elle ne donne que des résultats approximatifs qui servent ensuite comme résultats initiaux pour des outils plus précis et sophistiqués comme le logiciel DeltaEC ou l'outil d'optimisation et de conception développé par Minner. Les travaux de Wetzel ont aussi été utilisé par Tijani [199] pour concevoir un réfrigérateur thermoacoustique. Babaei [200] a étendu les travaux de Wetzel pour réaliser un outil d'optimisation et de conception qui permet d'optimiser à la fois des réfrigérateurs thermoacoustiques excités par des sources d'onde acoustique ou par des moteurs thermoacoustiques. Zink [201] a utilisé le logiciel COMSOL pour modéliser par la méthode des éléments finis le stack d'un moteur thermoacoustique en 2D. Il a aussi utilisé la méthode du simplexe pour minimiser les pertes thermiques dans le stack. Puis, Trapp [202] a développé un modèle mathématique 2D pour remplacer le logiciel COMSOL utilisé par Zink et pour faire une optimisation approximative et multiobjectif du stack d'un moteur thermoacoustique.

En conclusion, cette bibliographie non exhaustive montre que la plupart des études d'optimisation thermoacoustique existantes dans la littérature sont, de fait, des études paramétriques basées sur la théorie thermoacoustique linéaire 1D de Rott. D'autre part, les études optimisant une machine thermoacoustique complète sont peu nombreuses. Dans tous les cas, elles n'offrent que des solutions optimales locales tant pour les études approximatives qui ont un temps de calcul faible que pour les études précises qui ont un temps de calcul coûteux. De plus, elles ne sont pas capables de faire une optimisation multiobjectif.

Il existe également quelques études d'optimisation en 2D qui se focalisent sur l'optimisation du stack. Ces études en 2D sont très coûteuses en temps de calcul et de plus, elles ne sont intéressantes que lorsque le drive ratio est élevé puisqu'elles prennent mieux en compte la présence de streaming par rapport à la théorie thermoacoustique linéaire.

CHAPITRE 3

OPTIMISATIONS PARAMETRIQUES A PARTIR D'UN MODELE THERMOACOUSTIQUE ADIMENSIONNEL

Dans ce chapitre, on développe un modèle adimensionnel du calcul de la puissance acoustique ainsi que de l'efficacité éxergétique d'une machine thermoacoustique. Puis, une étude d'optimisation paramétrique des performances d'un moteur thermoacoustique à partir des modèles développés sera menée en fonction de trois paramètres principaux (voir ci dessous) et pour deux gaz de travail différents, l'hélium et l'air. Les trois paramètres d'optimisation étudiés sont :

1) le rayon hydraulique du stack,

2) la position du stack dans le résonateur

3) le taux d'onde acoustique (progressive/stationnaire, c.à.d. selon la phase pression vitesse du champ acoustique).

La méthode d'optimisation que nous utiliserons est une méthode stochastique dite « par essaims particulaires », dont la description constitue l'objet de ce chapitre. Il s'agit à notre connaissance, de la première utilisation de cette méthode dans le cadre de la thermoacoustique. L'objectif est d'optimiser simultanément deux fonctions: la puissance produite et le rendement du moteur thermoacoustique. Le modèle de ces deux fonctions reste le même quelque soit la méthode d'optimisation appliquée. Enfin, les avantages de l'utilisation la méthode d'optimisation par essaims particulaires en thermoacoustique seront présentés.

3.1 Modèles thermoacoustiques adimensionnels

L'onde acoustique qui se propage à la vitesse du son avec une pulsation angulaire ω dans un gaz parfait à l'intérieur d'un canal de section transversale A est modélisée de la manière suivante :

$$p_a(x)e^{i\omega t} = [p((1-\tau)e^{ik_a x} + \tau e^{-ik_a x})]e^{i\omega t} \tag{3.1}$$

Où,

- τ est le taux d'onde acoustique « progressive/stationnaire », avec $0 \leq \tau \leq 1$. IL découle de la géométrie globale du système et des conditions à ses extrémités, nous le supposons donné ici.
- $\tau = 1$ signifie que l'onde acoustique est purement progressive et directe, ce pourrait être le cas dans un résonateur annulaire.

  $\tau = 0.5$ signifie que l'onde acoustique est purement stationnaire, ce qui correspond bien au cas d'un résonateur fermé à ses deux extrémités.

  $\tau = 0$ signifie que l'onde acoustique est purement progressive et de caractère rétrograde.

- $p_a(x)$ est l'amplitude de la puissance acoustique à la position x du canal,
- $k_a = \frac{\omega}{c_a} = \frac{2\pi}{\lambda_a}$ est le nombre d'onde acoustique, et $c_a = \sqrt{\gamma r T_a}$ est la vitesse du son à la température ambiante de référence T_a.

Les paramètres dimensionnels utilisés par la suite sont présentés dans le Tableau 3.1. A partir de ces postulats, l'Eq. (3.1) devient :

$$p_a^*(x^*) = Dr((1-\tau)e^{i2\pi x^*} + \tau e^{-i2\pi x^*}) \tag{3.2}$$

Où, $Dr = \frac{p}{\bar{p}_g}$ est le drive ratio.

D'après l'Eq. (2.26), la vitesse acoustique adimensionnelle est exprimée quant à elle par :

$$u_a^* = \frac{ic_a}{\omega \lambda_a} \frac{(1-g_v)}{\rho_g^*} \frac{\partial p_a^*}{\partial x^*} = \frac{i}{2\pi}(1-g_v)\bar{T}_g^* \frac{\partial p_a^*}{\partial x^*} \qquad (3.3)$$

La puissance acoustique adimensionnelle ainsi que sa dérivée sont respectivement données par les formules suivantes :

$$W^* = \frac{1}{2}\Re[p_a^* \tilde{u}_a^*] = \frac{1}{2}\Re[\tilde{p}_a^* u_a^*] \qquad (3.4)$$

$$\frac{dW^*}{dx^*} = \frac{1}{\bar{T}_g^*}\frac{d\bar{T}_g^*}{dx^*}\Re\left[\frac{(g_v - g_t)}{(Pr-1)(1-g_v)}\right]W^* + \frac{1}{2\bar{T}_g^*}\frac{d\bar{T}_g^*}{dx^*}\Im\left[-\frac{(g_v - g_t)}{(Pr-1)(1-g_v)}\right]\Im[\tilde{p}_a^* u_a^*]$$
$$- \pi(\gamma - 1)\Im(-g_t)|p_a^*|^2 - \pi\frac{1}{\bar{T}_g^*}\frac{\Im(-g_v)}{|1-g_v|^2}|u_a^*|^2 \qquad (3.5)$$

Paramètres	Paramètres adimensionnels
Position x	$x^* = \dfrac{x}{\lambda_a}$
Longueur du stack L	$L^* = \dfrac{L}{\lambda_a}$
Pression p_a	$p_a^* = \dfrac{p_a}{\bar{p}_g}$
Vitesse u_a	$u_a^* = \dfrac{\gamma u_a}{c_a}$
Température T_c ; $\bar{T}_g$; T_a	$T_c^* = \dfrac{T_c}{T_a}$; $\bar{T}_g^* = \dfrac{\bar{T}_g}{T_a}$; $T_a^* = 1$
Densité $\bar{\rho}_g$	$\rho_g^* = \dfrac{\bar{\rho}_g}{\rho_a}$
Puissance acoustique W	$W^* = \dfrac{\gamma W}{A\bar{p}_g c_a}$
Gradient de la puissance acoustique $\dfrac{dW}{dx}$	$\dfrac{dW^*}{dx^*} = \dfrac{\gamma \lambda_a}{A\bar{p}_g c_a}\dfrac{dW}{dx}$
Puissance thermique Q	$Q^* = \dfrac{\gamma Q}{A\bar{p}_g c_a}$
Puissance totale H	$H^* = \dfrac{\gamma H}{A\bar{p}_g c_a}$

Tableau 3.1. Paramètres adimensionnels

En raison des variations axiales possibles des grandeurs physiques, nous discrétisons le stack du moteur thermoacoustique constitué de plaques planes parallèles en N tronçons de canaux chacun de longueur dx (voir la Figure 3.1).

Notons alors que : $x_{ci}^* = x_c^* - \frac{L^*}{2} + \left(\frac{2i+1}{2}\right)\frac{L^*}{N}, i = 0, \ldots, N-1$, est le centre de chaque tronçon.

D'autre part, le stack est caractérisé par son rayon hydraulique r_h, sa longueur adimensionnelle L^* et les fonctions géométriques thermique et visqueuse de Rott correspondantes (Eqs. (2.33)) :

$$g_t = \frac{\tanh\left(\frac{r_h}{\delta_t}\sqrt{2i}\right)}{\frac{r_h}{\delta_t}\sqrt{2i}} \text{ avec } \delta_t = \sqrt{\frac{2k}{\omega \bar{\rho}_g c_{pg}}}$$

$$g_v = \frac{\tanh\left(\frac{r_h}{\delta_v}\sqrt{2i}\right)}{\frac{r_h}{\delta_v}\sqrt{2i}} \text{ avec } \delta_v = \sqrt{\frac{2\mu}{\omega \bar{\rho}_g}}$$

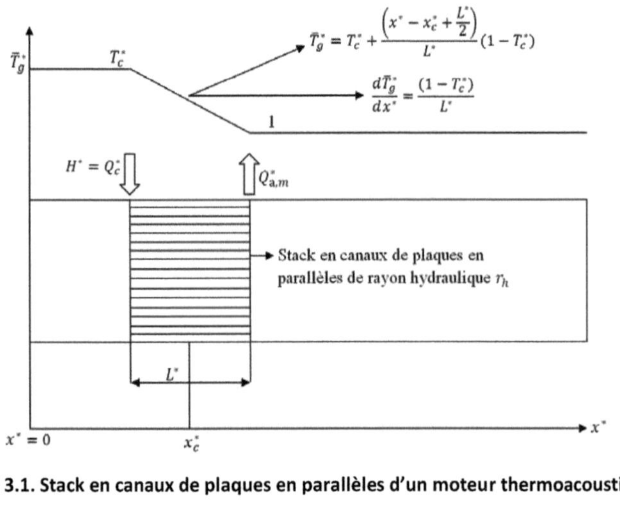

Figure 3.1. Stack en canaux de plaques en parallèles d'un moteur thermoacoustique

Ainsi la puissance acoustique adimensionnelle produite par le stack est alors estimée à l'aide de la formule suivante :

$$\Delta W^* = \frac{L^*}{N} \sum_{i=0}^{N-1} \frac{dW^*}{dx^*}\Big|_{x_{ci}^*}$$

avec

$$\sum_{i=0}^{N-1} \frac{dW^*}{dx^*}\Big|_{x_{ci}^*} = \sum_{i=0}^{N-1} \left(\frac{1}{\bar{T}_g^*} \frac{d\bar{T}_g^*}{dx^*} \Re\left[\frac{(g_v - g_t)}{(Pr-1)(1-g_v)}\right] W^*\right)\Big|_{x_{ci}^*}$$

$$+ \sum_{i=0}^{N-1} \left(\frac{1}{2\bar{T}_g^*} \frac{d\bar{T}_g^*}{dx^*} \Im\left[-\frac{(g_v - g_t)}{(Pr-1)(1-g_v)}\right] \Im[\tilde{p}_a^* u_a^*]\right)\Big|_{x_{ci}^*}$$

$$+ \sum_{i=0}^{N-1} (-\pi(\gamma-1)\Im(-g_t)|p_a^*|^2)\Big|_{x_{ci}^*} + \sum_{i=0}^{N-1} \left(-\pi \frac{1}{\bar{T}_g^*} \frac{\Im(-g_v)}{|1-g_v|^2}|u_a^*|^2\right)\Big|_{x_{ci}^*} \quad (3.6)$$

La température axiale adimensionalisée du gaz à travers le stack est supposée constante dans le temps, linéaire selon Ox et est déterminée par la relation suivante:

$$\bar{T}_g^* = \frac{\bar{T}_g}{T_a} = T_h^* + \frac{\left(x^* - x_c^* + \frac{L^*}{2}\right)}{L^*}(1 - T_h^*) \quad (3.7)$$

La dérivée selon x de cette température (l'Eq. (3.7)) est donc constant puisque :

$$\frac{d\bar{T}_g^*}{dx^*} = \frac{(1-T_h^*)}{L^*} \quad (3.8)$$

La puissance thermique totale convertie par le stack est donnée par:

$$Q_c^* = \left(\frac{1}{2} \Re\left[p_a^* \tilde{u}_a^* \frac{\tilde{g}_v - g_t}{(Pr+1)(1-\tilde{g}_v)}\right] + \frac{c_{pg}}{4\pi\gamma r} \frac{\Im[g_t + Pr\tilde{g}_v]}{(1-Pr^2)|1-g_v|^2} \frac{1}{\bar{T}_g^*} \frac{d\bar{T}_g^*}{dx^*}|u_a^*|^2\right)\Big|_{x_c^* - \frac{L^*}{2}} \quad (3.9)$$

L'efficacité éxergétique du stack est ainsi déterminée par la relation suivante:

$$\eta_{ex} = \frac{-T_c^* \Delta W^*}{(T_c^* - 1)Q_c^*} \quad (3.10)$$

En remplaçant les Eqs. (3.6) et (3.9) dans l'Eq. (3.10), on obtient:

$$\eta_{ex} = \frac{-T_c^*}{(T_c^*-1)} \frac{\frac{L^*}{N}\sum_{i=0}^{N-1}\left(\frac{1}{\bar{T}_g^*}\frac{d\bar{T}_g^*}{dx^*}\Re\left[\frac{(g_v-g_t)}{(Pr-1)(1-g_v)}\right]W^* + \frac{1}{2\bar{T}_g^*}\frac{d\bar{T}_g^*}{dx^*}\Im\left[-\frac{(g_v-g_t)}{(Pr-1)(1-g_v)}\right]\Im[\tilde{p}_a^*u_a^*] - \pi(\gamma-1)\Im(-g_t)|p_a^*|^2 - \pi\frac{1}{\bar{T}_g^*}\frac{\Im(-g_v)}{|1-g_v|^2}|u_a^*|^2\right)\Big|_{x_{ci}^*}}{\left(\frac{1}{2}\Re\left[p_a^*\tilde{u}_a^*\frac{\tilde{g}_v-g_t}{(Pr+1)(1-\tilde{g}_v)}\right] + \frac{c_{pg}}{4\pi\gamma r}\frac{\Im[g_t+Pr\tilde{g}_v]}{(1-Pr^2)|1-g_v|^2}\frac{1}{\bar{T}_g^*}\frac{d\bar{T}_g^*}{dx^*}|u_a^*|^2\right)\Big|_{x_c^* - \frac{L^*}{2}}} \quad (3.11)$$

Le Tableau 3.2 résume et présente les valeurs numériques des paramètres utilisés dans les calculs

Paramètres	Symbole (unité)	Hélium	Air
Chaleur spécifique à pression constante	c_{pg} (J.Kg^{-1}.K^{-1})	5183	1005
Longueur du stack adimensionnelle	L^*	0.0025	0.0025
Drive ratio	Dr	5%	5%
Viscosité dynamique	μ (Kg.m.s^{-1})	0.000018	0.0000175
Fréquence	fr (Hz)	50	6.5
Constante du gaz	r (J.Kg^{-1}.K^{-1})	2080	287
Température chaude et ambiante	T_c, T_a (K)	893, 293	893, 293
Pression moyenne	$\bar{p}_g$ (Bar)	25	25
Conductivité thermique	k (W.m^{-1}.K^{-1})	0.1392	0.02415
Rapport de chaleur spécifique	γ	1.667	1.4

Tableau 3.2. Valeurs des paramètres fixes

Comme annoncé, nous allons étudier l'effet sur la puissance acoustique générée et le rendement de conversion (chaleur/mécanique) de la nature du gaz de travail (hélium et air) ainsi que des trois paramètres suivants déjà évoqués :

1) la position du centre du stack dans le résonateur x_c^* avec $x_c^* \in [0.00125; 0.50125]$; Autrement dit, la position du stack est telle que $0 \leq x_c - \frac{L}{2} \leq \frac{\lambda_a}{2}$ où la valeur 0 correspond à l'extrémité gauche du résonateur ; à noter que lorsque $x_c - \frac{L}{2} = 0$ les extrémités gauches du résonateur et du stack sont confondues.

2) le rayon hydraulique du stack r_h avec $r_h \in [0.15\ mm; 0.31\ mm]$ sachant que l'épaisseur de la couche limite thermique $\delta_t \approx 0.3\ mm$; lorsque $r_h = 0.15 mm$ on considère que le stack est un régénérateur ;

3) le taux d'onde acoustique τ avec $\tau \in [0.5; 1]$;

Notons que la puissance acoustique produite par le stack est donnée par l'Eq. (3.6) et l'efficacité éxergétique du stack par l'Eq. (3.11).

3.2 Optimisation paramétrique du stack de plaques planes parallèles d'un moteur thermoacoustique

Pour un rayon hydraulique et un taux d'onde acoustique fixés, on fait varier la position du stack dans le résonateur, x_c^*, ce qui permet d'obtenir un couple de valeurs (ΔW^*, η_{ex}). L'ensemble des couples de valeurs obtenu pour toutes les positions du stack forme une courbe fermée. A partir des conditions proposées dans le paragraphe précédent, on obtient les résultats présentés dans les Figures 3.2 et 3.3. Ces figures montrent que l'efficacité éxergétique η_{ex} et la puissance acoustique ΔW^* dépendent fortement de la position du stack dans le résonateur x_c^*, du rayon hydraulique du stack r_h et du taux d'onde acoustique τ. Pour des valeurs fixes de r_h et de τ, η_{ex} et ΔW^* varient en fonction de la position x_c^* en ayant des valeurs minimales et maximales à des positions x_c^* différentes.

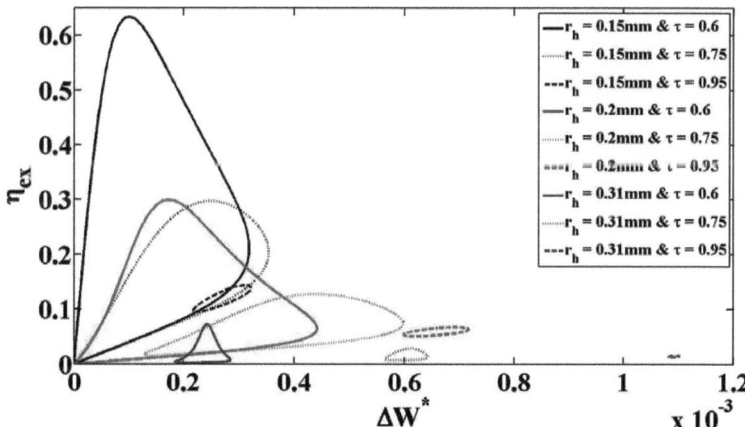

Figure 3.2. Optimisation paramétrique de l'efficacité éxergétique en fonction de la puissance acoustique adimensionnelle produite par le stack avec l'hélium comme fluide de fonctionnement

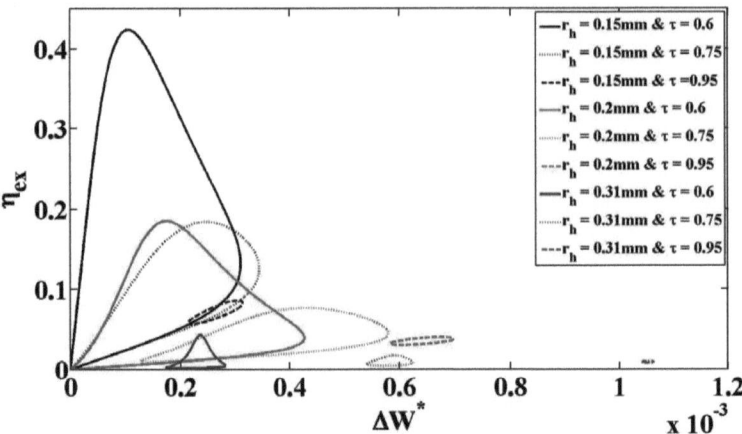

Figure 3.3. Optimisation paramétrique de l'efficacité éxergétique en fonction de la puissance acoustique adimensionnelle produite par le stack avec l'air comme fluide de fonctionnement

D'après les figures précédentes, on peut déduire que pour avoir une puissance acoustique maximale, le moteur thermoacoustique doit être le siège d'une onde progressive pure, i.e. $\tau = 1$, et le rayon hydraulique du stack doit dans ce cas être de l'ordre de l'épaisseur de la couche limite thermique, i.e. $r_h \approx \delta_t$. On constate qu'avec ce type d'onde (la courbe bleu pointillée à l'extrême droite de la Figure 3.3), la position du stack dans le résonateur n'a pas une grande influence sur la puissance acoustique ni sur l'efficacité éxergétique. L'efficacité éxergétique qui correspond à la puissance acoustique maximale a une valeur très basse, i.e. $\Delta W^* \approx 0.0011$ pour $\eta_{ex} \approx 1\%$.

Par contre, pour avoir une efficacité éxergétique maximale, le moteur thermoacoustique doit fonctionner avec une onde stationnaire pure, i.e. $\tau = 0.5$, et le rayon hydraulique du stack doit maintenant être beaucoup plus petit que l'épaisseur de la couche limite thermique, i.e. $r_h \ll \delta_t$. Cette fois, l'efficacité éxergétique ainsi que la puissance acoustique produite par le stack sont fortement sensibles à la position du stack dans le résonateur. La puissance acoustique produite par le stack qui correspond à la valeur maximale de l'efficacité éxergétique a cependant une valeur très faible, i.e. $\Delta W^* \approx 0.0001$ pour $\eta_{ex} \approx 75\%$ dans le cas où l'hélium est utilisé comme fluide de travail et $\eta_{ex} \approx 50\%$ dans le cas où on utilise de l'air.

Dans le cas où l'hélium est utilisé, et de manière à conserver les mêmes rapports entre les épaisseurs des couches limites thermique et visqueuse, on est obligé de modifier la fréquence de cycle $[(\delta_{t/v})_{hélium} = (\delta_{t/v})_{air} \Leftrightarrow (\omega)_{hélium} = 7.7 \times (\omega)_{air}]$. Une fréquence de 50 Hz avec l'hélium conduit au même dimensionnement du stack qu'une fréquence de 6.5 HZ pour de l'air. Ce rapport entre fréquence se répercute sur les dimensions de la machine thermoacoustique, ainsi, la longueur du résonateur lorsque l'air est utilisé doit être 7.7 fois plus grande que la longueur du résonateur lorsque l'hélium est utilisé. Au final, en raison de ces contraintes de comparaison, la puissance acoustique produite avec l'hélium est 2.5 fois supérieure à celle calculée lorsque l'air est utilisé :

$$\left. \frac{(\bar{p}_g c_a}{\gamma})_{hélium} \middle/ \frac{(\bar{p}_g c_a}{\gamma})_{air} \right. = 1.5116 \times 10^9 / 6.1270 \times 10^8 \simeq 2.5 \qquad (3.12)$$

En résumé, comme déjà signalé dans ce paragraphe, on notera que la puissance acoustique maximale correspond à une efficacité éxergétique minimale et inversement. Pour construire une machine thermoacoustique, il faut en réalité que la puissance acoustique et l'efficacité éxergétique aient simultanément des valeurs acceptables et si possible assez élevées. Les optimisations paramétriques, comme celles présentées précédemment, ne constituent pas un bon outil pour atteindre ces objectifs simultanés car, d'une part, il n'est pas facile de trouver les bonnes configurations d'une machine thermoacoustique correspondant à des valeurs élevées de la puissance acoustique et de l'efficacité éxergétique, et d'autre part, le temps de calcul est élevé pour n'obtenir que des résultats qualitatifs et approximatifs. Afin d'atteindre ce double objectif, la méthode d'optimisation par essaims particulaires va être introduite et appliquée pour optimiser les deux fonctions, η_{ex} et ΔW^*, présentées au début de ce chapitre.

3.3 Description de la méthode d'optimisation par essaims particulaires

La méthode d'optimisation par essaims particulaires a été inventé par Kennedy et Eberhart [203] en 1995. Elle a été inspirée par le comportement social d'un essaim d'oiseaux en quête de nourriture. Cette méthode est utilisée lorsque les méthodes d'optimisation classiques, e.g. la méthode différentiable ou la méthode de quasi-newton, ne peuvent pas être appliquées à cause de la complexité, de l'irrégularité ou de la non-linéarité du problème à optimiser. De plus, la méthode d'optimisation par essaims particulaires n'a besoin que de quelques hypothèses pour optimiser n'importe quel problème et peut optimiser un problème avec une dimension de recherche élevée (c.à.d. un nombre de paramètres de conception élevé). Le seul désavantage mineur de la méthode d'optimisation par essaims particulaires est de devoir répéter l'optimisation d'un problème plusieurs fois pour être sûr qu'elle converge bien vers la solution optimale globale. Ceci est dû au fait que la méthode d'optimisation est une méthode d'optimisation de caractère stochastique.

La méthode d'optimisation par essaims particulaires est donc une méthode itérative qui cherche à optimiser une fonction ou un problème physique dans un domaine de recherche bien défini de dimension N correspondant au nombre de paramètres à optimiser. Chaque fonction dispose d'un certain nombre de solutions candidates appelées particules (de dimension N). Ainsi, chaque particule est caractérisée par sa position dans le domaine de recherche ainsi que par sa vitesse définie via une équation mathématique adéquate.

L'étape initiale de la méthode d'optimisation est l'initialisation aléatoire de la position de chaque particule dans le domaine de recherche ainsi que de la détermination de la valeur de la fonction optimisée correspondant à la position de chaque particule. La particule qui a la meilleure valeur pour la fonction optimisée, voit son résultat ainsi que sa position enregistrés. Ensuite, à chaque itération, la nouvelle position de chaque particule est déterminée via une équation mathématique bien choisie ainsi que la nouvelle valeur de la fonction optimisée correspondante (voir le paragraphe suivant). S'il existe une particule avec une valeur de la fonction optimisée meilleure que la valeur enregistrée aux itérations précédentes, la nouvelle valeur de la fonction optimisée et la nouvelle position de cette particule sont enregistrées à la place des valeurs précédentes. Le processus est répété jusqu'à la fin du nombre prédéfini d'itérations.

3.3.1 Algorithme de la méthode

Supposons que la fonction à optimiser, f, soit définie par:

$$f: \begin{cases} \mathbb{R}^N \to \mathbb{R} \\ \vec{x} \to f(\vec{x}) \end{cases} \tag{3.13}$$

Où $\vec{x}$ est la position d'une particule dans le domaine de recherche de dimension N étant le nombre de paramètres de conception à optimiser.

Supposons que P est le nombre de particules de l'essaim. Chaque particule a une position dans le domaine de recherche $\vec{x}_i$ et une vitesse $\vec{v}_i$, avec $i = 1, \dots, P$. A noter que l'appellation de vitesse est abusive, il s'agit en fait d'un déplacement pour chaque pas de temps de calcul.

Supposons que k est le nombre d'itérations. L'algorithme pour maximiser la fonction f est défini par les étapes suivantes (voir aussi l'organigramme de la Figure 3.4) :

I- Initialisation aléatoire de la position $\vec{x}_0^i$ et de la vitesse $\vec{v}_0^i$ de chaque particule
- Sauvegarde $\vec{x}_{best}^i = \vec{x}_0^i$ comme la meilleure position de chaque particule
- Détermination de la valeur de $f_0^i(\vec{x}_0^i)$ pour chaque particule
- Sauvegarde $f_{best}^i(\vec{x}_{best}^i) = f_0^i(\vec{x}_0^i)$ comme la meilleure valeur de chaque particule
- Détermination et sauvegarde la meilleure position globale $\vec{x}_{best}^g$ et la meilleur valeur globale $f_{best}^g(\vec{x}_{best}^g)$ parmi les particules

- Actualisation de la vitesse $\vec{v}_1^i$ pour chaque particule à l'aide de l'Eq. (3.14) et actualisation de la position via $\vec{x}_1^i = \vec{x}_0^i + \vec{v}_1^i$ pour chaque particule.

$$\vec{v}_{j+1}^i = 0.729\vec{v}_j^i + 1.494\vec{U}_1(0,1).\times\left(\vec{x}_{best}^i - \vec{x}_j^i\right) + 1.494\vec{U}_2(0,1).\times\left(\vec{x}_{best}^g - \vec{x}_j^i\right) \qquad (3.14)$$

L'Eq. (3.14) [204], [205] est déterminée par la méthode de constriction qui offre un rapport de succession élevée [206]. Elle diminue donc le risque de convergence prématurée vers une solution non-optimale ou une solution optimale locale. Autrement dit, elle converge souvent vers une solution optimale globale. $\vec{U}_1(0,1)$ et $\vec{U}_2(0,1)$ sont deux vecteurs aléatoires de dimension N de valeurs comprises entre 0 et 1. Leur génération se fait ici à l'aide de la fonction « random » du logiciel de programmation utilisé, Matlab. Le terme «.×» signifie le produit élément par élément de deux vecteurs. De plus, $\vec{v}$ doit être comprise dans l'intervalle $[\vec{x}_{min}, \vec{x}_{max}]$.

II- Pour chaque itération, $j = 1, \dots, k$
- Pour chaque particule, $i = 1, \dots, P$
    - Détermination de la valeur $f_j^i(\vec{x}_j^i)$ à la position $\vec{x}_j^i$
    - Si $f_j^i(\vec{x}_j^i) > f_{best}^i(\vec{x}_{best}^i)$, $f_{best}^i(\vec{x}_{best}^i) = f_j^i(\vec{x}_j^i)$ et $\vec{x}_{best}^i = \vec{x}_j^i$, où $f_{best}^i(\vec{x}_{best}^i)$ est la meilleure valeur sauvegardée par la particule i à la position $\vec{x}_{best}^i$
    - Si $f_j^i(\vec{x}_j^i) > f_{best}^g(\vec{x}_{best}^g)$, $f_{best}^g(\vec{x}_{best}^g) = f_j^i(\vec{x}_j^i)$ et $\vec{x}_{best}^g = \vec{x}_j^i$, où $f_{best}^g(\vec{x}_{best}^g)$ est la meilleure valeur globale sauvegardée par l'algorithme à la position $\vec{x}_{best}^g$
    - Actualisation la vitesse $\vec{v}_{j+1}^i$ à l'aide de l'Eq. (3.14)
    - Actualisation la position $\vec{x}_{j+1}^i$ via l'équation $\vec{x}_{j+1}^i = \vec{x}_j^i + \vec{v}_{j+1}^i$
    - Si les conditions d'arrêt de l'algorithme sont satisfaites, passer à l'étape III

III- Reporter les résultats et terminer le cycle de calculs.

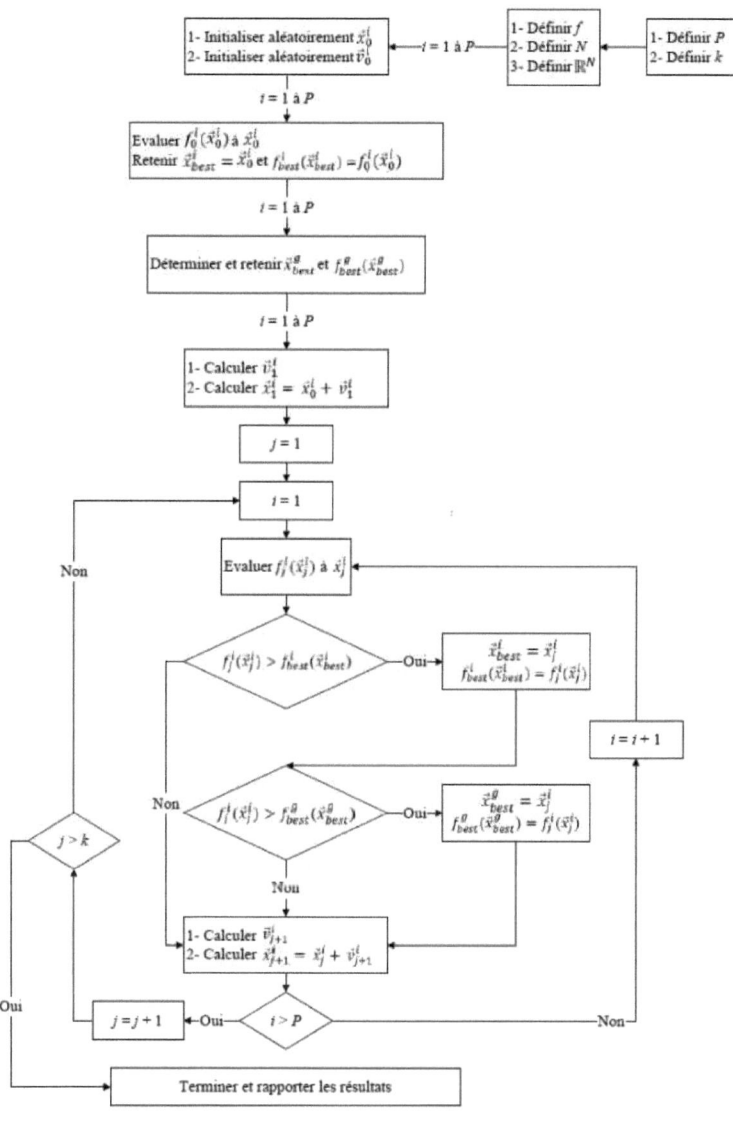

Figure 3.4. Organigramme de la méthode d'optimisation par essaims particulaires

3.3.2 Optimisation multiobjectif

L'un des avantages de la méthode d'optimisation par essaims particulaires est l'optimisation multiobjectif. Une telle optimisation offre une série des solutions optimales connue sous le nom de « Frontière de Pareto » (voir la Figure 3.5) qui peut être décrite par un compromis entre les contraintes de valeurs optimales de chaque fonction. Grâce à cette frontière, un choix pourra être fait par un décideur pour atteindre ses objectifs.

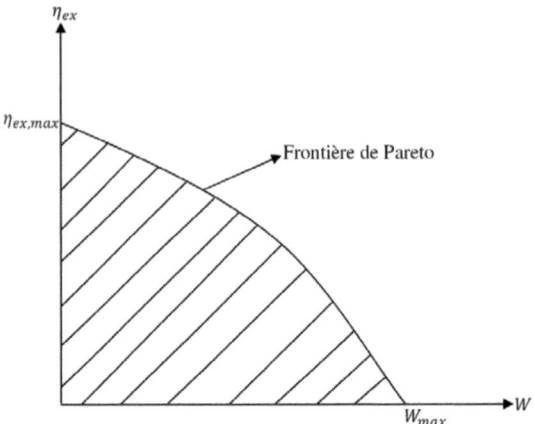

Figure 3.5. Frontière de Pareto

3.4 Optimisation par essaims particulaires du stack de plaques planes parallèles d'un moteur thermoacoustique

Dans cette partie, nous allons décrire l'application de la méthode d'optimisation par essaims particulaires sur un problème de thermoacoustique. On cherche à maximiser les trois fonctions suivantes :

1) l'efficacité éxergétique η_{ex} de l'Eq. (3.11) ;

2) la puissance acoustique produite ΔW^* de l'Eq. (3.6) ;

3) le produit entre l'efficacité éxergétique et la puissance acoustique produite par le stack, i.e. $\eta_{ex} \times \Delta W^*$.

La troisième fonction à optimiser constitue une sorte d'optimisation multiobjectif. Elle offre un bon compromis entre les meilleures valeurs de l'efficacité éxergétique et celles de la puissance acoustique produite. En fait, la possibilité d'une optimisation multiobjectif est l'un des atouts de la méthode d'optimisation par essaims particulaires puisqu'elle permet d'optimiser une machine thermoacoustique pour avoir à la fois des valeurs élevées de l'efficacité éxergétique et de la puissance acoustique produite ou absorbée (cas des récepteurs).

L'effet de la nature du gaz de travail utilisé, l'hélium ou l'air, ainsi que l'effet des trois paramètres déjà utilisés précédemment seront envisagés dans notre étude. Nous rappelons les domaines de variations:

1) la position du centre du stack dans le résonateur x_c^* varie de $\in [0.00125; 0.50125]$; Autrement dit, la position du stack vérifie $0 \leq x_c - \frac{L}{2} \leq \frac{\lambda_a}{2}$;

2) le rayon hydraulique du stack r_h varie de $\in [0.15\ mm;\ 0.31\ mm]$ sachant que l'épaisseur de la couche limite thermique $\delta_t \approx 0.3\ mm$;

3) le taux d'onde acoustique τ varie de $\in [0.5; 1]$.

Les valeurs des autres paramètres fixes sont données par le Tableau 3.2. Le Tableau 3.3 résume quant à lui les paramètres de la méthode d'optimisation par essaims particulaires. A noter que le nombre de 24 particules offre un bon compromis entre une convergence rapide et un bon résultat de l'optimisation du problème étudié [203].

Paramètres	
Nombre des itérations (k)	K=2000000
Nombre de particules (P)	P=24
Conditions d'arrêt de l'algorithme	Si la variation de la meilleure valeur globale $f_{best}^g(\vec{x}_{best}^g)$ est moins de 1-e25 pendant 250 itérations, la simulation s'arrête

Tableau 3.3. Paramètres de la méthode d'optimisation par essaims particulaire

Notons que dans un souci d'exactitude, l'optimisation de chaque fonction sera répétée 10 fois pour être sûr que l'algorithme converge bien vers la solution optimale globale.

3.4.1 Optimisation de l'efficacité éxergétique $\eta_{ex}(x_c^*, r_h, \tau)$

Les Figures 3.6 et 3.7 montrent respectivement l'évolution de l'optimisation de l'efficacité éxergétique du stack d'un moteur thermoacoustique fonctionnant à l'air et à l'hélium. Les résultats d'optimisation sont résumés dans le Tableau 3.4. Le stack peut atteindre une efficacité éxergétique maximale de 74.94% avec l'hélium et de 50.14% avec l'air. Cette différence notable d'efficacité éxergétique entre l'hélium et l'air est due à la différence importante des propriétés thermophysiques entre ces deux gaz, et notamment de la conductivité thermique et de la vitesse du son. L'hélium est d'ailleurs le gaz le plus utilisé dans les machines thermoacoustiques grâce à ses propriétés thermophysiques intéressantes. Dans les deux cas le type d'onde le mieux adapté est l'onde stationnaire pure $\tau = 0.5$ comme nous l'avions fait remarqué dans le paragraphe précédent.

Pour maximiser l'efficacité éxergétique, le moteur thermoacoustique doit fonctionner avec une onde stationnaire pure, i.e. $\tau = 0.5$, et le rayon hydraulique du stack doit être beaucoup plus petit que l'épaisseur de la couche limite thermique, i.e. $r_h \approx 0.15\ mm \ll \delta_t \approx 0.3\ mm$. Ces résultats coïncident avec les résultats obtenus par l'optimisation paramétrique dans les travaux déjà étudiés précédemment. Au contraire de l'optimisation paramétrique, l'optimisation par essaims particulaires détermine facilement la position adimensionnlle du stack dans le résonateur, $x_c^* = 0.46$ avec l'hélium et $x_c^* = 0.011$ avec l'air.

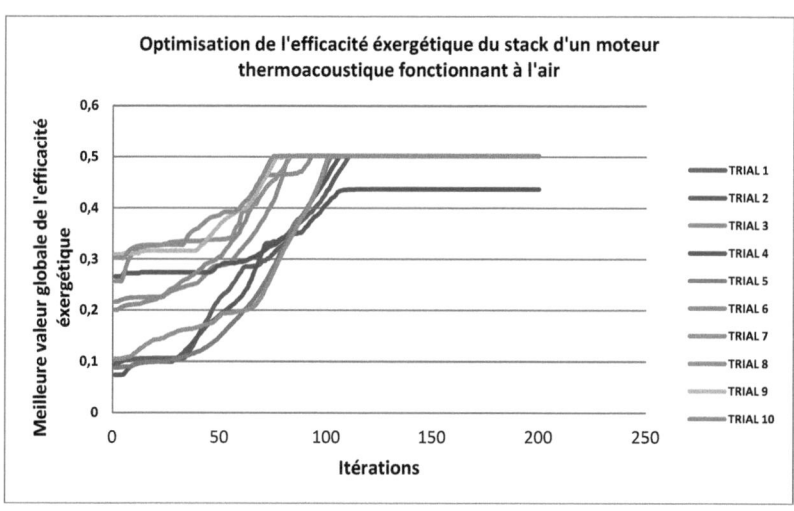

Figure 3.6. Evolution de l'optimisation de l'efficacité éxergétique du stack d'un moteur thermoacoustique qui fonctionne avec l'air. La solution optimale globale à la convergence est $\eta_{ex} = 50.14\%$ pour $x_c^* = 0.011$; $r_h = 0.150\ mm$; $\tau = 0.5$

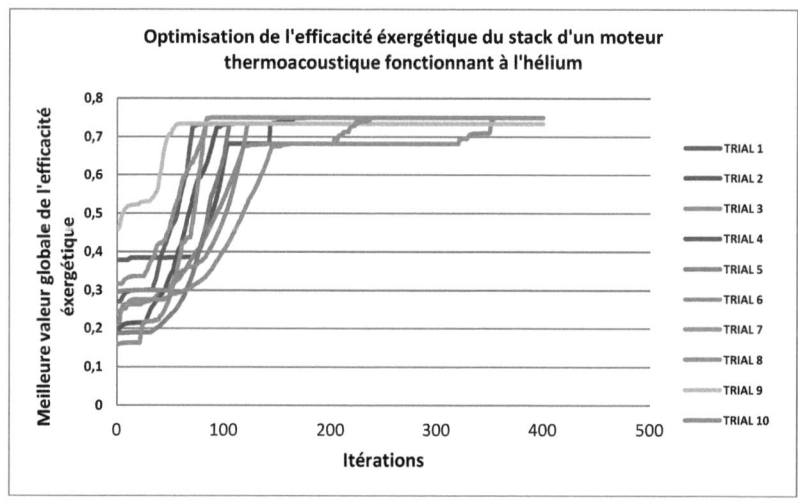

Figure 3.7. Evolution de l'optimisation de l'efficacité éxergétique du stack d'un moteur thermoacoustique qui fonctionne avec l'hélium. La solution optimale globale à la convergence est $\eta_{ex} = 74.94\%$ pour $x_c^* = 0.464$; $r_h = 0.150\ mm$; $\tau = 0.5$

Résultats d'optimisation de l'efficacité éxergétique					
	Paramètres			Efficacité éxergétique	Puissance acoustique
	x_c^*	r_h	τ	η_{ex}	ΔW^*
Air	0.011	0.150 mm	0.5	50.14%	0.0000824
Hélium	0.464	0.150 mm	0.5	74.94%	0.0000698

Tableau 3.4. Résultats d'optimisation de l'efficacité éxergétique

On remarque que la puissance acoustique produite par le stack ΔW^* qui correspond à l'efficacité éxergétique maximale est égale à 69.8×10^{-6} avec l'hélium et 82.4×10^{-6} avec l'air. Cependant, à l'aide de l'Eq. (3.12), on constate que la puissance acoustique produite avec de l'hélium est presque le double de celle produite avec de l'air (Eq. (3.15)). Ceci résulte encore de la différence de propriétés thermophysiques entre les deux gaz.

$$\frac{(\Delta W)_{hélium}}{(\Delta W)_{air}} \approx 2.5 \frac{(\Delta W^*)_{hélium}}{(\Delta W^*)_{air}} \approx 2.5 \frac{69.8 \times 10^{-6}}{82.4 \times 10^{-6}} \rightarrow (\Delta W)_{hélium} \approx 2.1 \times (\Delta W)_{air} \quad (3.15)$$

3.4.2 Optimisation de la puissance acoustique générée $\Delta W^*(x_c^*, r_h, \tau)$

Les Figures 3.8 et 3.9 ainsi que le Tableau 3.5 présentent les résultats de l'optimisation de la puissance acoustique produite par un stack de moteur thermoacoustique fonctionnant avec de l'air ou de l'hélium. Pour maximiser la puissance acoustique, le moteur thermoacoustique doit fonctionner avec une onde progressive pure, i.e. $\tau = 1$, et le rayon hydraulique du stack doit être de l'ordre de l'épaisseur de la couche limite thermique, i.e. $r_h \approx \delta_t \approx 0.3 \, mm$. La position optimale adimensionnelle du stack dans le résonateur est $x_c^* = 0.15$ lorsque l'hélium est utilisé comme fluide de travail et $x_c^* = 0.2$ lorsque l'air est utilisé.

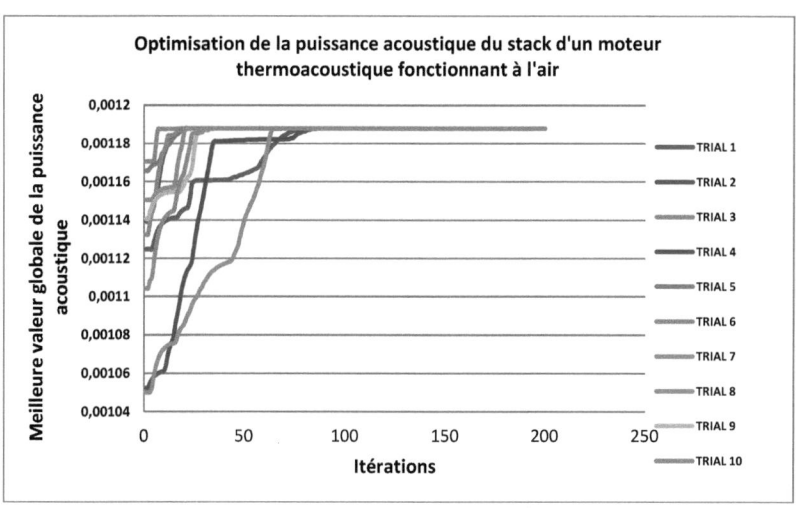

Figure 3.8. Evolution de l'optimisation de la puissance acoustique du stack d'un moteur thermoacoustique qui fonctionne avec l'air. La solution optimale globale à la convergence est $\Delta W^* = 0.001188$ pour $x_c^* = 0.2$; $r_h = 0.291\ mm$; $\tau = 1$

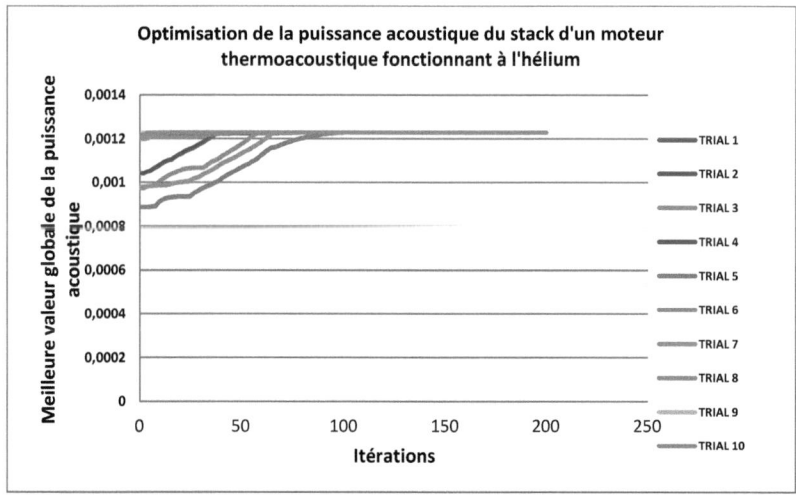

Figure 3.9. Evolution de l'optimisation de la puissance acoustique du stack d'un moteur thermoacoustique qui fonctionne avec l'hélium. La solution optimale globale à la convergence est $\Delta W^* = 0.001228$ pour $x_c^* = 0.15$; $r_h = 0.293\ mm$; $\tau = 1$

Résultats d'optimisation de la puissance acoustique					
	Paramètres			Efficacité éxergétique	Puissance acoustique
	x_c^*	r_h	τ	η_{ex}	ΔW^*
Air	0.2	0.291 mm	1	1.07%	0.001188
Hélium	0.15	0.293 mm	1	1.8%	0.001228

Tableau 3.5. Résultats d'optimisation de la puissance acoustique

Les valeurs maximales de la puissance acoustique sont $(\Delta W^*)_{hélium} = 0.001228$ et $(\Delta W^*)_{air} = 0.001188$. A l'aide de l'Eq. (3.12), on constate que la puissance acoustique produite avec l'hélium est presque deux fois et demie supérieure à la puissance acoustique produite avec l'air (Eq. (3.16)). Ceci provient toujours de la différence de propriétés thermophysiques entre les deux gaz.

$$\frac{(\Delta W)_{hélium}}{(\Delta W)_{air}} \approx 2.5 \frac{(\Delta W^*)_{hélium}}{(\Delta W^*)_{air}} \approx 2.5 \frac{0.001228}{0.001188} \rightarrow (\Delta W)_{hélium} \approx 2.6 \times (\Delta W)_{air} \quad (3.16)$$

L'efficacité éxergétique du stack qui correspond à la puissance acoustique maximale produite par le stack $\eta_{ex} = 1,07\%$ avec l'hélium et $\eta_{ex} = 1,8\%$ avec l'air.

3.4.3 Optimisation mixte de l'efficacité éxergétique fois la puissance acoustique $\eta_{ex} \times \Delta W^*(x_c^*, r_h, \tau)$

Le rapport entre l'efficacité éxergétique maximale et l'efficacité éxergétique qui correspond à la puissance acoustique maximale pour l'hélium et pour l'air sont :

$$\frac{(\eta_{ex})_{hélium} \, du \, Tableau \, 3.4}{(\eta_{ex})_{hélium} \, du \, Tableau \, 3.5} = \frac{74,94\%}{1,8\%} \approx 41,6 \text{ et}$$
$$\frac{(\eta_{ex})_{air} \, du \, Tableau \, 3.4}{(\eta_{ex})_{air} \, du Tableau \, 3.5} = \frac{50,14\%}{1,07\%} \approx 46,9$$

Alors que le rapport entre la puissance acoustique maximale et la puissance acoustique qui correspond à l'efficacité éxergétique maximale pour l'hélium et pour l'air sont :

$$\frac{(\Delta W^*)_{hélium}\ du\ Tableau\ 3.5}{(\Delta W^*)_{hélium}\ du\ Tableau\ 3.4} = \frac{0.001228}{0.0000698} \approx 17{,}6$$

et
$$\frac{(\Delta W^*)_{air}\ du\ Tableau\ 3.5}{(\Delta W^*)_{air}\ du\ Tableau\ 3.4} = \frac{0.001188}{0.0000824} \approx 14{,}4$$

Ces résultats de l'optimisation de l'efficacité éxergétique et de la puissance acoustique montrent que lorsque l'on maximise l'efficacité éxergétique du stack, sa puissance acoustique produite est négligeable tandis que lorsque l'on maximise la puissance acoustique produite par le stack, c'est l'efficacité éxergétique qui est négligeable. Cependant, l'efficacité éxergétique et la puissance acoustique doivent être toutes deux élevées pour avoir « une bonne machine thermoacoustique ». Pour atteindre cet objectif, la méthode d'optimisation par essaims particulaires est appliquée pour optimiser la fonction multiobjectif produit des valeurs, i.e. $\eta_{ex} \times \Delta W^*(x_c^*, r_h, \tau)$. En effet, cette fonction (ce n'est pas la seule) offre un bon compromis entre l'efficacité éxergétique maximale et la puissance acoustique maximale. Evidement, la méthode d'optimisation par essaims particulaires permet d'optimiser une très large variété de fonctions multiobjectifs, par exemple maximiser la puissance acoustique d'une machine thermoacoustique qui doit fonctionner à une efficacité éxergétique fixée ou bien maximiser l'efficacité éxergétique d'une machine thermoacoustique qui doit opérer à une puissance acoustique connue.

Les résultats d'optimisation de la fonction $\eta_{ex} \times \Delta W^*$ sont présentés dans les Figures 3.10 et 3.11 et dans le Tableau 3.6.

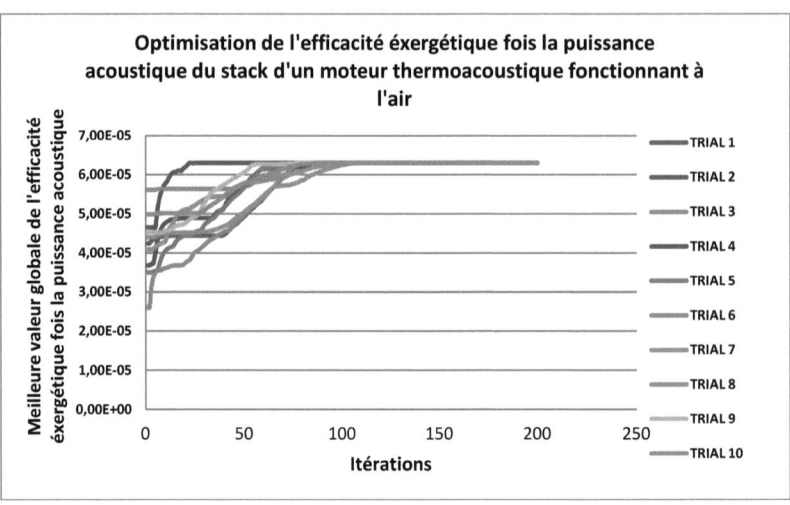

Figure 3.10. Evolution de l'optimisation de l'efficacité éxergétique fois la puissance acoustique du stack d'un moteur thermoacoustique qui fonctionne avec l'air. La solution optimale globale à la convergence est $\eta_{ex} \times \Delta W^* = 0.000063$ pour $x_c^* = 0.0516$; $r_h = 0.150\ mm$; $\tau = 0.61$

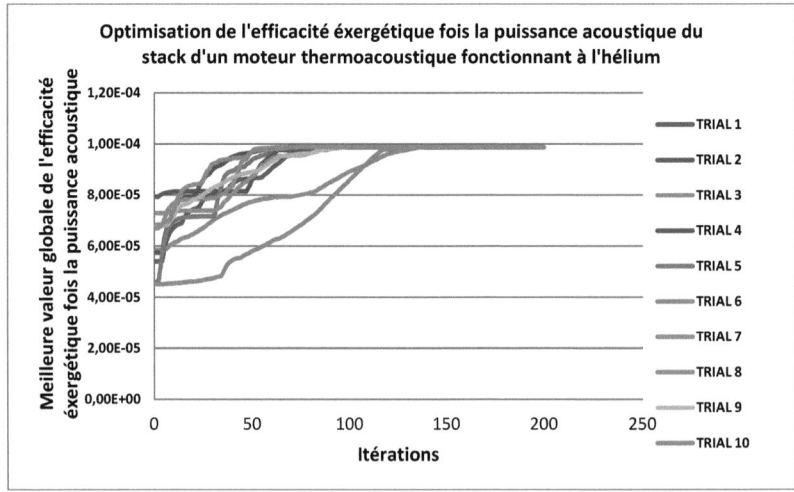

Figure 3.11. Evolution de l'optimisation de l'efficacité éxergétique fois la puissance acoustique du stack d'un moteur thermoacoustique qui fonctionne avec l'hélium. La solution optimale globale à la convergence est $\eta_{ex} \times \Delta W^* = 0.0000988$ pour $x_c^* = 0.0587$; $r_h = 0.150\ mm$; $\tau = 0.63$

Résultats d'optimisation de l'efficacité éxergétique fois la puissance acoustique					
Paramètres			Efficacité éxergétique	Puissance acoustique	Efficacité éxergétique fois Puissance acoustique
x_c^*	r_h	τ	η_{ex}	ΔW^*	$\eta_{ex} \times \Delta W^*$
Air	0.0516	0.150 mm	0.61	29.1%	0.0002166	0.000063
Hélium	0.0587	0.150 mm	0.63	39.61%	0.0002494	0.0000988

Tableau 3.6. Résultats d'optimisation de l'efficacité éxergétique fois la puissance acoustique

Pour maximiser la fonction produit $\eta_{ex} \times \Delta W^*$, le moteur thermoacoustique doit fonctionner avec une onde mixte progressive-stationnaire, c.à.d. $\tau \approx 0.62$, et le rayon hydraulique du stack doit être beaucoup plus petit que de l'épaisseur de la couche limite thermique, i.e. $r_h \ll \delta_t$. La position du stack dans le résonateur est $x_c^* \approx 0.05$ pour les deux gaz. En tout logique, pour avoir un taux d'onde mixte donné, il faut ajuster convenablement les conditions aux limites aux extrémités du résonateur du moteur thermoacoustique. En pratique, ceci est loin d'être évident à réaliser, comme on le comprend aisément. Pour notre optimisation, on remarque que $\eta_{ex} = 39.1\%$ et $\Delta W^* = 0.0002494$ pour l'hélium et $\eta_{ex} = 29.1\%$ et $\Delta W^* = 0.0002166$ pour l'air. Finalement, l'optimisation de la fonction $\eta_{ex} \times \Delta W^*$ assure bien l'obtention d'un moteur thermoacoustique de bonne efficacité éxergétique et puissance acoustique simultanées.

Les résultats des optimisations sur les fonctions η_{ex} et ΔW^* sont en bon d'accord avec les résultats apparues dans la littérature. Kang [185] a fait une étude d'optimisation paramétrique qui ressemble à notre étude du paragraphe 3.2. Il a montré que pour maximiser l'efficacité éxergétique, le moteur thermoacoustique doit fonctionner avec une onde stationnaire pure alors que la puissance acoustique correspondante présente une valeur minimale. De même, il a trouvé que pour maximiser la puissance acoustique, le moteur thermoacoustique doit fonctionner avec une onde progressive pure tandis que l'efficacité éxergétique correspondante possède une valeur minimale. A noter que la définition de la pression acoustique utilisée par Kang est différente de celle utilisée dans ce chapitre, i.e. Eq. (3. 1). Kang a défini que l'onde acoustique est une onde stationnaire pure lorsque $\tau = 0$ et est une onde progressive pure lorsque $\tau = 1$. Ainsi, la puissance acoustique adimensionnelle utilisée par Kang est différente de celle utilisée dans ce chapitre. Pour adimensionner la puissance acoustique, Kang l'a divisée par $\frac{\omega p^2}{8\pi \bar{\rho}_g c_a^2}(1+\tau^2)$; il a trouvé que pour maximiser la puissance acoustique adimensionnelle, on doit avoir un taux d'onde acoustique $\tau = 0.68$. En prenant en compte le rapport $\frac{\omega p^2}{8\pi \bar{\rho}_g c_a^2}(1+\tau^2)$, on retrouve bien que la valeur maximale de la puissance acoustique correspond à un taux d'onde $\tau = 1$ selon nos définitions.

Backhaus et Swift [112] ont présenté une étude empirique dans laquelle ils ont amélioré l'efficacité éxergétique d'un moteur thermoacoustique en obtenant une puissance acoustique élevée. Leur moteur fonctionne avec une onde mixte progressive-stationnaire qui est obtenue grâce au couplage entre un résonateur de forme annulaire (onde progressive) et un résonateur droit (onde stationnaire). Dans leurs études, Backhaus et Swift n'ont pas donné d'explications sur la valeur du taux d'onde mixte. Le stack de leur moteur a un rayon hydraulique beaucoup plus petit que l'épaisseur de la couche limite thermique. Les résultats d'optimisation par essaims particulaires de la fonction $\eta_{ex} \times \Delta W^*$ présentés dans ce chapitre, i.e. le Tableau 3.6, contribue à donner une explication physique sur le comportement et les performances du moteur de Backhaus et Swift. En effet, on peut déterminer que le taux d'onde devait être de l'ordre 0.6 dans leur machine, que le rayon hydraulique est bien tel que l'on est en présence d'un régénérateur et que la position du régénérateur est bien proche d'un ventre de pression.

3.5 Conclusions

Dans ce chapitre, des études d'optimisation paramétrique classiques et par utilisation de la méthode des essaims particulaires ont permis de réaliser l'optimisation séparée de l'efficacité éxergétique ainsi que de la puissance acoustique produite par le stack d'un moteur thermoacoustique. Les effets sur la performance du stack des valeurs du rayon hydraulique du stack, de la position du stack dans le résonateur et du taux d'onde acoustique ont été étudiés.

Pour maximiser la puissance acoustique seule, le moteur doit fonctionner avec une onde progressive pure, i.e. posséder un résonateur annulaire, et le stack du moteur doit avoir un rayon hydraulique de l'ordre de l'épaisseur de la couche limite thermique. L'efficacité éxergétique obtenue dans ce cas est alors négligeable.

Pour maximiser l'efficacité éxergétique, le moteur thermoacoustique doit fonctionner avec une onde stationnaire pure, i.e. posséder un résonateur droit, et le rayon hydraulique du stack du moteur doit être beaucoup plus petit que l'épaisseur de la couche limite thermique. La puissance acoustique produite par le stack dans ce cas est négligeable.

Pour avoir un moteur thermoacoustique avec une efficacité éxergétique et une puissance acoustique produite élevées, le moteur doit fonctionner avec une onde mixte progressive-stationnaire, par exemple avoir un couplage entre un résonateur annulaire et un résonateur droit. Le stack doit avoir un rayon hydraulique beaucoup plus petit que la valeur de l'épaisseur de la couche limite thermique.

Dans ce chapitre, la méthode d'optimisation par essaims particulaires a été appliquée pour la première fois en thermoacoustique pour optimiser des modèles adimensionnels simplifiés de l'efficacité éxergétique et de la puissance acoustique produite par le stack d'un moteur thermoacoustique. Les effets du rayon hydraulique du stack, la position du stack dans le résonateur et le taux d'onde acoustique sur la performance du stack ont été prises en compte.

Après avoir obtenu des résultats prometteurs en utilisant la méthode d'optimisation par essaims particulaires en thermoacoustique tant au niveau du temps de calcul, du nombre des paramètres de conception que de l'optimisation multiobjectif, la méthode d'optimisation par essaims particulaires peut être maintenant appliquée sur un modèle thermoacoustique sophistiqué et plus complexe. L'objectif final est de réaliser un outil et un algorithme d'optimisation et de dimensionnement pour les machines thermoacoustiques qui puisse prendre en compte tous les paramètres de conception et de construction des machines thermoacoustiques en vue d'obtenir une efficacité éxergétique et une puissance acoustique toutes deux élevées.

CHAPITRE 4

ALGORITHME D'OPTIMISATION ET DE DIMENSIONNEMENT POUR LES MACHINES THERMOACOUSTIQUES

Après avoir obtenu des résultats encourageants en appliquant la méthode d'optimisation par essaims particulaires sur un modèle thermoacoustique simple et adimensionnel, l'application de la méthode d'optimisation par essaims particulaires a été étendue à un modèle thermoacoustique plus sophistiqué (i.e. dimensionnel en appliquant les équations de la théorie thermoacoustique linéaire de Rott), notamment en ne recourant plus à un taux d'onde ainsi qu'à un profil de température dans le stack imposés. Un nouvel algorithme d'optimisation et de dimensionnement pour les machines thermoacoustiques a ainsi été développé et est présenté dans ce chapitre. Ce nouvel algorithme permet de prendre en compte tous les paramètres de conception d'une machine thermoacoustique de manière à optimiser simultanément :

1) l'efficacité thermique ou éxergétique de la machine

2) la puissance acoustique délivrée à une charge externe par la machine, i.e. un moteur, ou absorbée d'une charge externe par la machine, i.e. un réfrigérateur.

Le nouvel algorithme est basé sur les hypothèses de la thermoacoustique linéaire, il offre des résultats précis en déterminant l'évolution de la pression acoustique, du débit volumique acoustique ainsi que de la température moyenne du gaz tout au long d'une machine thermoacoustique. Pour ceci, il résout numériquement les équations de la thermoacoustique linéaire développées par Rott [5], [19–24] et réécrites par Swift [33], [34]. Cet algorithme permet de dimensionner des machines thermoacoustiques avec des performances élevées ce qui devrait permettre de franchir un cap en vue de la commercialisation de ce type de machines.

Le fait que l'algorithme d'optimisation présenté prend en compte tous les paramètres de conception concernant les configurations géométriques et physiques (plus de 20 pour une simple machine thermoacoustique) et permet d'obtenir des résultats dans un temps de calcul relativement faible, représente une contribution très importante dans le domaine de la thermoacoustique.

Une méthode de dimensionnement d'un générateur électrique linéaire basée sur les résultats d'optimisation d'un moteur thermoacoustique sera aussi présentée dans ce chapitre.

4.1 Algorithme d'optimisation et de dimensionnement

L'algorithme détaillé dans la partie 3.3 (voir l'organigramme de la Figure 3.4) va ainsi être appliqué pour optimiser les machines thermoacoustiques. La fonction à optimiser de la machine (e.g. l'efficacité, la puissance, l'efficacité fois la puissance ou bien d'autre fonction) sera déterminée numériquement via le système des Eqs. (2.51). Autrement dit, pour chaque particule de l'algorithme et à chaque itération, on doit résoudre le système des Eqs. (2.51) à travers toute la machine pour obtenir une valeur de la fonction à optimiser. Au final, la résolution numérique du système des Eqs. (2.51) va être faite des centaines de fois pendant le déroulement de l'algorithme.

Cependant, on rencontre deux difficultés majeures dans ce genre de problème numérique :

1) le temps de calcul de la méthode de tir utilisée pour résoudre le système des Eqs. (2.51) pour chaque particule à chaque itération de l'algorithme ;

2) la robustesse de l'algorithme qui ne doit pas « *crasher* » pendant la résolution du système des Eqs. (2.51) et ce, pour chacune des particules et à chaque itération de l'algorithme.

Pour éviter ces deux difficultés majeures lors du déroulement de l'algorithme, nous proposons d'appliquer à l'algorithme les deux améliorations suivantes :

1) la première a pour but de limiter le temps de calcul en trouvant rapidement une solution précise de la méthode de tir (c.à.d. d'avoir une convergence rapide et précise en déterminant rapidement les valeurs réelles des paramètres estimées qui correspondent aux valeurs des paramètres cibles (voir la partie 2.3.1.2). On utilise l'approximation du stack court, expliquée dans la partie 2.4, comme point de départ pour initialiser les valeurs des paramètres estimés de la méthode de tir afin de limiter le temps de calcul. De plus, l'utilisation des pas adéquats pour chaque paramètre estimé accélérera la convergence et jouera un rôle pour la précision de la convergence[5] ;

2) la deuxième a pour rôle d'éviter le « plantage » de l'algorithme. Il se produit lorsque la température moyenne du gaz devient inférieure au zéro absolu. Une valeur critique supérieure au zéro absolu sera fixée. Ainsi, l'évolution de la température moyenne du gaz a travers le problème à optimiser pour chaque particule à chaque itération sera observée pas par pas numérique. Pour une particule à une itération donnée, si la température moyenne du gaz à un pas numérique donné passe sous cette valeur critique, l'algorithme arrête la résolution numérique pour cette particule et poursuit la résolution pour les autres.

---

[5] Ceci nécessite une compréhension profonde du problème thermoacoustique à optimiser. Donc, je propose de lancer l'algorithme du problème à optimiser et de traquer les paramètres estimés de la méthode de tir pour chaque particule à chaque itération. Ensuite, des pas adéquats pour chaque paramètre estimé seraient établis de manière à assurer que la convergence de la méthode de tir soit rapide et précise. De plus, ce processus aiderait énormément à bien comprendre profondément le problème à optimiser.

4.2 Optimisation du stack de plaques planes en parallèles d'un moteur thermoacoustique à onde stationnaire.

La Figure 4.1 montre le modèle de stack à plaques planes parallèles du moteur thermoacoustique à onde stationnaire dont les dimensions doivent être optimisées par l'algorithme à des fins de production d'électricité.

Le moteur étudié est fermé à l'une de ses extrémités et est couplé à une charge mécanique ou à un générateur électrique linéaire, à l'autre extrémité. Puisqu'on se focalise sur l'étude de la performance du stack du moteur, on négligera les pertes de la puissance acoustique existant en dehors du stack. Ainsi, les échangeurs ne sont pas pris en compte dans une première version des modèles, mais sont considérés comme parties intégrantes du stack lui même.

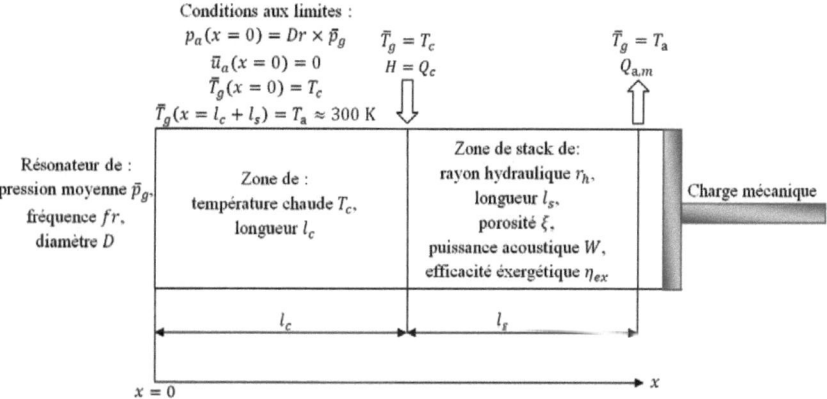

Figure 4.1. Modèle d'un moteur thermoacoustique à onde stationnaire à optimiser

Les fonctions à optimiser sont toujours:

1) l'efficacité éxergétique du stack η_{ex},

2) la puissance acoustique produite par le stack W

3) le produit de l'efficacité éxergétique du stack par la puissance acoustique du stack $\eta_{ex} \times W$.

Dans le modèle étudié, on identifie 9 paramètres à optimiser (voir la Figure 4.1):

1) le drive ratio ;

2) la pression moyenne du gaz ;

3) la fréquence du modèle ;

4) le diamètre du résonateur ;

5) la température chaude du gaz ;

6) la longueur de la zone chaude du modèle ;

7) le rayon hydraulique du stack ;

8) la longueur du stack ;

9) la porosité du stack.

Les domaines de recherche de ces 9 paramètres sont choisis en se basant sur des critères techniques (e.g. $\bar{p}_g > 50$ Bar implique un surcoût élevé, $fr > 500$ Hz signifie une micromachine) et ils sont résumés dans le Tableau 4.1 tandis que les conditions aux limites du modèle étudié sont :

1) la pression acoustique à la position initiale,

2) le débit volumique acoustique à la position initiale,

3) la température moyenne du gaz à la position initiale

4) la température moyenne du gaz à la sortie du stack.

Ce dernier paramètre est le paramètre cible de la méthode de tir tandis que le paramètre estimé est la puissance totale.

Le gaz de travail utilisé dans le modèle est l'hélium dont les propriétés thermophysiques dépendent de sa température moyenne.

Paramètres de conception	$\bar{p}_g$	fr	D	r_h	l_s	l_c	ξ	T_c	Dr
Unité	Bar	Hz	cm	mm	cm	m	%	K	%
Domaine de recherche	[1-50]	[5-500]	[3-6]	[0.1-3]	[1-50]	[0.01-12]	[5-95]	[500-1000]	[0.7-7]

Tableau 4.1. Domaine de recherche pour les paramètres de conception

Les nombres de particules et d'itérations de la méthode d'optimisation choisis sont respectivement 24 et 500 (Voir le Tableau 4.2). Il apparaît après de multiples simulations que cette combinaison entre nombre de particules et nombre d'itérations donne un bon rapport entre la rapidité de convergence et l'exactitude du résultat de l'optimisation. L'optimisation pour chaque fonction est effectuée 3 fois pour assurer que la méthode converge vers une solution optimale globale et unique.

Le temps de calcul pour résoudre les 12000 PVL (24 particules fois 500 itérations) par l'algorithme développé est de l'ordre de 8 heures ce qui équivaut à un temps de calcul moyen de 2,4 secondes / 1 PVL sachant que, dans les autres logiciels, le temps de calcul moyen pour résoudre 1 PVL est de l'ordre de 15 minutes !

Paramètres	
Nombre des itérations (k)	$k = 500$
Nombre des particules (P)	$P = 24$
Nombre des répétitions	3

Tableau 4.2. Paramètres de la méthode d'optimisation par essaims particulaire

4.2.1 Optimisation de l'efficacité éxergétique du stack η_{ex}

Les résultats d'optimisation de l'efficacité éxergétique sont présentés dans la Figure 4.2 et dans le Tableau 4.3. La meilleure valeur de l'efficacité éxergétique trouvée par l'algorithme est $\eta_{ex} = 87.7\%$. Comme attendu, la puissance acoustique produite par le stack est négligeable et est de l'ordre de quelques Watt. De même, la puissance thermique absorbée par le gaz est aussi de l'ordre de quelques Watt. Par conséquent, les résultats d'optimisation de l'efficacité éxergétique ne seront pas utiles. En revanche, on profite de ces résultats pour :

1) montrer que l'algorithme converge vers une zone des solutions optimales globales près de la frontière de Pareto (zone verte de la Figure 4.3) ;

2) valider l'efficacité de la résolution numérique et de la méthode de tir utilisées pour chaque particule et à chaque itération de l'algorithme ;

Les valeurs optimales du Tableau 4.3 obtenues par l'algorithme sont ensuite utilisées comme des entrées dans DeltaEC pour calculer l'efficacité éxergétique du stack ainsi que la puissance acoustique produite par le stack grâce au modèle étudié. Rappelons que la structure de DeltaEC ne lui permet pas de trouver ces valeurs optimales et que la méthode de tir de DeltaEC ne converge que lorsque les valeurs des paramètres estimés sont proches de leurs valeurs réelles contrairement à la méthode de tir de notre algorithme qui converge toujours et rapidement. L'écart entre les résultats de calcul de notre algorithme et de DeltaEC est de moins de 5% (voir le Tableau 4.3). Ainsi, la résolution numérique et la méthode de tir de l'algorithme sont jugés efficaces.

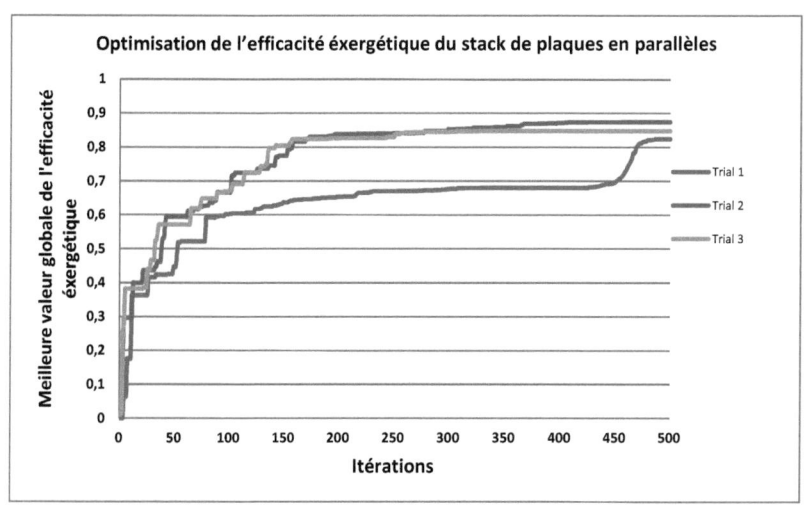

Figure 4.2. Evolution de l'optimisation de l'efficacité éxergétique du stack

Valeurs optimales des paramètres de conception										Valeurs des fonctions			
$\bar{p}_g$	fr	D	r_h	l_s	T_c	l_c	ξ	Dr	Q_c	W	W DeltaEC	η_{ex}	η_{ex} DeltaEC
Bar	Hz	cm	mm	m	K	m	%	%	W	W	W	%	%
24.7	20.2	3	0.3	0.24	500	0.17	95	7	2.9	0.98	1	87.7	89.5
Erreur entre les résultats d'optimisation obtenus par notre algorithme et leurs applications dans DeltaEC.									Erreur < 5%				

Tableau 4.3. Résultats d'optimisation de l'efficacité éxergétique du stack

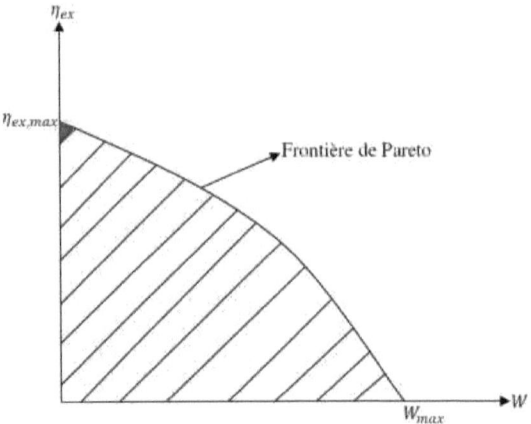

Figure 4.3. Frontière de Pareto lors de l'optimisation de l'efficacité éxergétique du stack

4.2.2 Optimisation de la puissance acoustique produite par le stack W

La deuxième fonction à optimiser est la puissance acoustique produite par le stack. Les résultats d'optimisation de cette fonction sont présentés dans la Figure 4.4 et le Tableau 4.4. La meilleure valeur obtenue pour la puissance acoustique est $W = 5998$ W. Ici, l'efficacité éxergétique du stack correspondant à l'optimisation de la puissance acoustique est négligeable et est de l'ordre du millième en rendement tandis que la puissance thermique absorbée par le gaz est de l'ordre de quelques MégaWatt.

Comme dans le cas précédent, les résultats d'optimisation de la puissance acoustique ne seront pas physiquement intéressants mais permettent d'effectuer les mêmes vérifications que précédemment

Les valeurs optimales du Tableau 4.4 obtenues par l'algorithme sont ainsi reportées dans DeltaEC comme des entrées afin de calculer l'efficacité éxergétique du stack ainsi que la puissance acoustique produite. Encore une fois, l'écart entre les résultats de calcul de l'algorithme et du DeltaEC est de moins de 5% démontrant l'efficacité de la résolution numérique et la méthode de tir de l'algorithme.

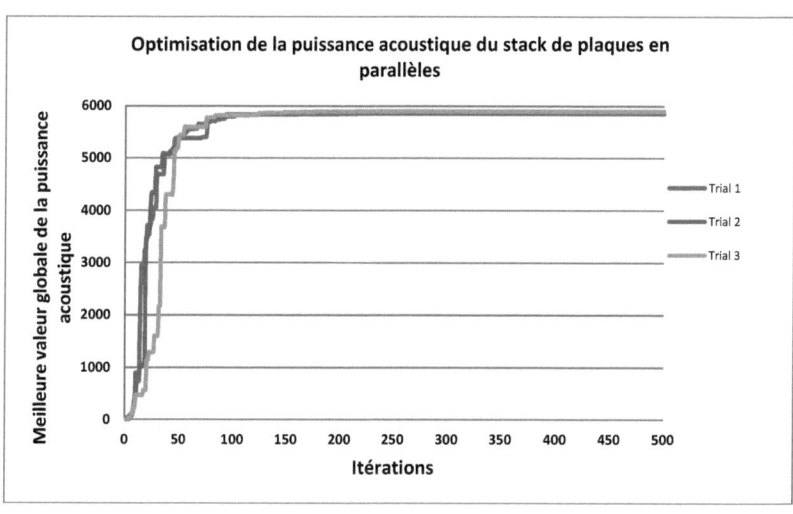

Figure 4.4. Evolution de l'optimisation de la puissance acoustique produite par le stack

Valeurs optimales des paramètres de conception									Valeurs des fonctions				
$\bar{p}_g$	fr	D	r_h	l_s	T_c	l_c	ξ	Dr	Q_c	W	$\dfrac{W}{\text{DeltaEC}}$	η_{ex}	$\dfrac{\eta_{ex}}{\text{DeltaEC}}$
Bar	Hz	cm	mm	m	K	m	%	%	MW	W	W	%	%
50	54	6	0.37	0.01	1000	4.3	95	7	6.5	5998	5848	0.12	0.11
Erreur entre les résultats d'optimisation obtenus par notre algorithme et leurs applications dans DeltaEC.									Erreur < 5%				

Tableau 4.4. Résultats d'optimisation de la puissance acoustique produite par le stack

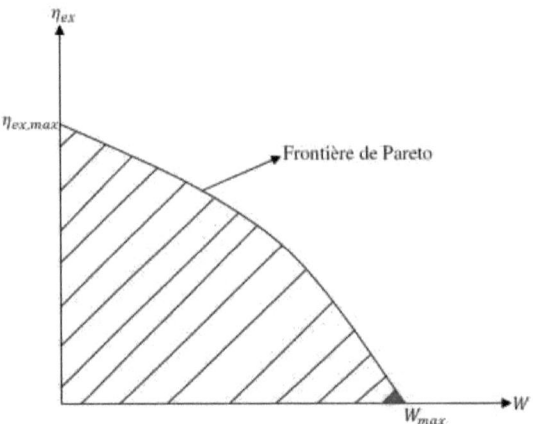

Figure 4.5. Frontière de Pareto lors de l'optimisation de la puissance acoustique produite par le stack

4.2.3 Optimisation du produit de l'efficacité éxergétique du stack par la puissance acoustique produite par le stack $\eta_{ex} \times W$

Comme les résultats d'optimisation des deux cas précédents l'ont montré, l'optimisation globale de l'efficacité éxergétique du stack, η_{ex}, entraîne une puissance acoustique assez faible et l'optimisation globale de la puissance acoustique, W, entraîne une efficacité éxergétique assez faible. Donc, il n'est pas judicieux de construire une machine thermoacoustique basée sur les résultats d'optimisation d'une seule fonction, i.e. l'efficacité éxergétique ou la puissance acoustique. Il semble donc plus pertinent de réaliser une optimisation multiobjectif portant simultanément sur l'efficacité éxergétique et la puissance acoustique afin d'obtenir une machine opérationnelle.

La fonction multiobjectif à optimiser par l'algorithme est toujours pour nous le produit de l'efficacité éxergétique du stack par la puissance acoustique produite par le stack du modèle étudié. Les résultats d'optimisation de cette fonction multiobjectif sont présentés dans la Figure 4.6 et le Tableau 4.5.

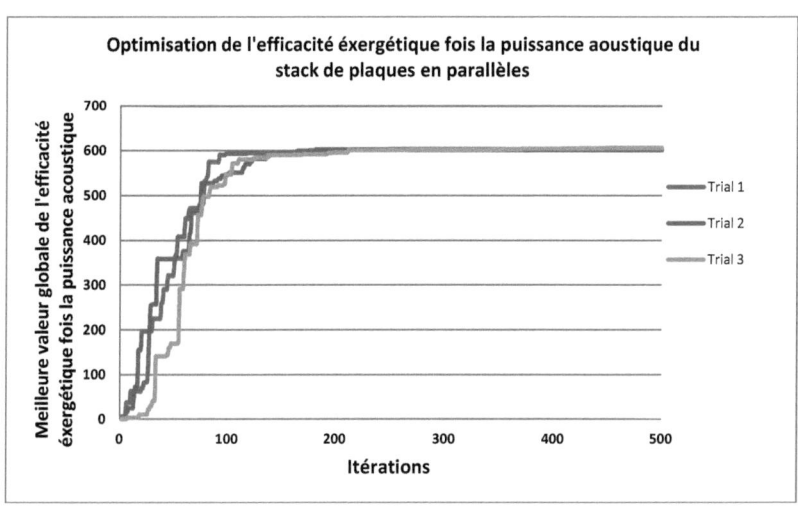

Figure 4.6. Evolution de l'optimisation de l'efficacité éxergétique fois la puissance acoustique du stack de plaques en parallèles

Valeurs optimales des paramètres de conception										Valeurs des fonctions			
$\bar{p}_g$	fr	D	r_h	l_s	T_c	l_c	ξ	Dr	Q_c	W	W DeltaEC	η_{ex}	η_{ex} DeltaEC
Bar	Hz	cm	mm	m	K	m	%	%	KW	W	W	%	%
50	125.1	6	0.22	0.39	1000	0.59	95	7	12.9	2365	2302	25.5	24.3
Erreur entre les résultats d'optimisation obtenus par notre algorithme et leurs applications dans DeltaEC.									Erreur < 5%				

Tableau 4.5. Résultats d'optimisation de l'efficacité éxergétique fois la puissance acoustique du stack de plaques en parallèles

La meilleure valeur obtenue du produit de l'efficacité éxergétique du stack par la puissance acoustique produite par le stack est $\eta_{ex} \times W = 60$ avec une efficacité éxergétique du stack $\eta_{ex} = 25.5\%$, une puissance acoustique produite par le stack $W = 2365$ W et une puissance totale absorbée par le gaz $Q_c = 12.9$ KW.

Pour avoir des valeurs élevées de l'efficacité éxergétique du stack et de la puissance acoustique produite par le stack, il faut que (Tableau 4.5 et Tableau 4.1) :

1) le drive ratio, la pression moyenne du gaz, la surface transversale du gaz dans le résonateur, la température moyenne du gaz à l'entrée du stack et la porosité du stack soient les plus hauts possibles ;

2) la fréquence doit être relativement élevée (de l'ordre de 125 Hz),

3) le rayon hydraulique du stack doit être de l'ordre de l'épaisseur moyenne de la couche limite thermique dans le stack ;

4) la longueur de stack doit être de l'ordre de 0.4 m ;

5) la position de stack éloignée de 0.6 m de l'extrémité fermé du moteur.

Ces valeurs ne sont valables que par rapport à la machine étudiée et aux contraintes que nous nous sommes imposées.

D'autre part, de manière analogue aux deux optimisations précédentes, on remarque que :

1) l'algorithme cette fois ci converge vers une zone des solutions optimales située au milieu de la frontière de Pareto du fait de l'optimisation multiobjectif (zone verte de la Figure 4.7) ;

2) l'écart entre les résultats de calcul de l'algorithme et de DeltaEC est de moins de 5% (Tableau 4.5) ; ce qui prouve une fois encore que la résolution numérique et la méthode de tir de l'algorithme sont efficaces.

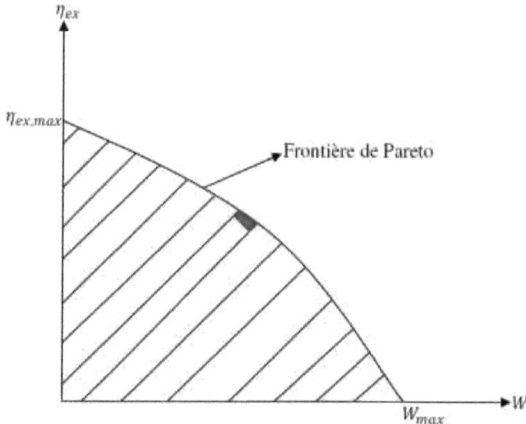

Figure 4.7. Frontière de Pareto lors de l'optimisation du produit de l'efficacité éxergétique du stack par la puissance acoustique produite par le stack

4.3 Optimisation d'un moteur thermoacoustique à onde stationnaire pour 5 stacks différents

Après avoir validé l'algorithme et montré son efficacité dans la partie précédente, la même procédure utilisée pour optimiser le Stack de Plaques planes en Parallèle (SPP) du modèle de la Figure 4.1 est utilisée pour optimiser les formes de stack suivantes :

1) un Stack de dit Pin Array (SPA) ;

2) un Stack à Pores Rectangulaires (SPR) ;

3) un Stack à Pores Circulaires (SPC) ;

4) un Stack à Pores Triangulaires équilatérales (SPT).

Ainsi, une comparaison entre les résultats d'optimisation de ces 5 stacks sera réalisée. Pour plus de détails sur chaque forme de stack on se reportera à la partie 2.2.3. A noter qu'on identifie un 10ème paramètre de conception, le rapport des rayons (partie 2.2.3.6) appelé X_{SPA}, pour le stack SPA. Son domaine de recherche dans l'algorithme sera $X_{SPA} = [2 - 10]$.

De même, pour le stack SPR, il faut tenir compte du rapport de forme (Eq. 2.37), X_{RPS}, dont le domaine de recherche dans l'algorithme sera $X_{RPS} = [1 - 10]$.

4.3.1 Optimisation de l'efficacité éxergétique fois la puissance acoustique $\eta_{ex} \times W$

Les évolutions de l'optimisation du produit de l'efficacité éxergétique par la puissance acoustique pour les 5 différents stacks sont présentées dans la Figure 4.8. Les résultats de l'optimisation sont aussi résumés dans le Tableau 4.6. Le stack type « SPA » offre le meilleur compromis entre l'efficacité éxergétique du stack et la puissance acoustique produite suivi par les stacks types « SPP », « SPR », « SPC » et « SPT ».

En ce qui concerne les valeurs optimales des paramètres de conception, on peut déduire que pour avoir un bon compromis entre les meilleurs valeurs de l'efficacité éxergétique et de la puissance acoustique produite (Tableau 4.6 et Tableau 4.1), il faut que :

1) le drive ratio, la pression moyenne du gaz, la surface transversale du gaz dans le résonateur, la température moyenne du gaz à l'entrée du stack et la porosité du stack soient les plus hauts possibles ;

2) la fréquence doit être relativement élevée (de l'ordre de 100 Hz) ;

3) le rayon hydraulique du stack doit être de l'ordre de l'épaisseur moyenne de la couche limite thermique dans le stack ;

4) la longueur de stack doit être de l'ordre de 0.4 m ;

5) la position de stack éloignée de 0.6 m de l'extrémité fermé du moteur.

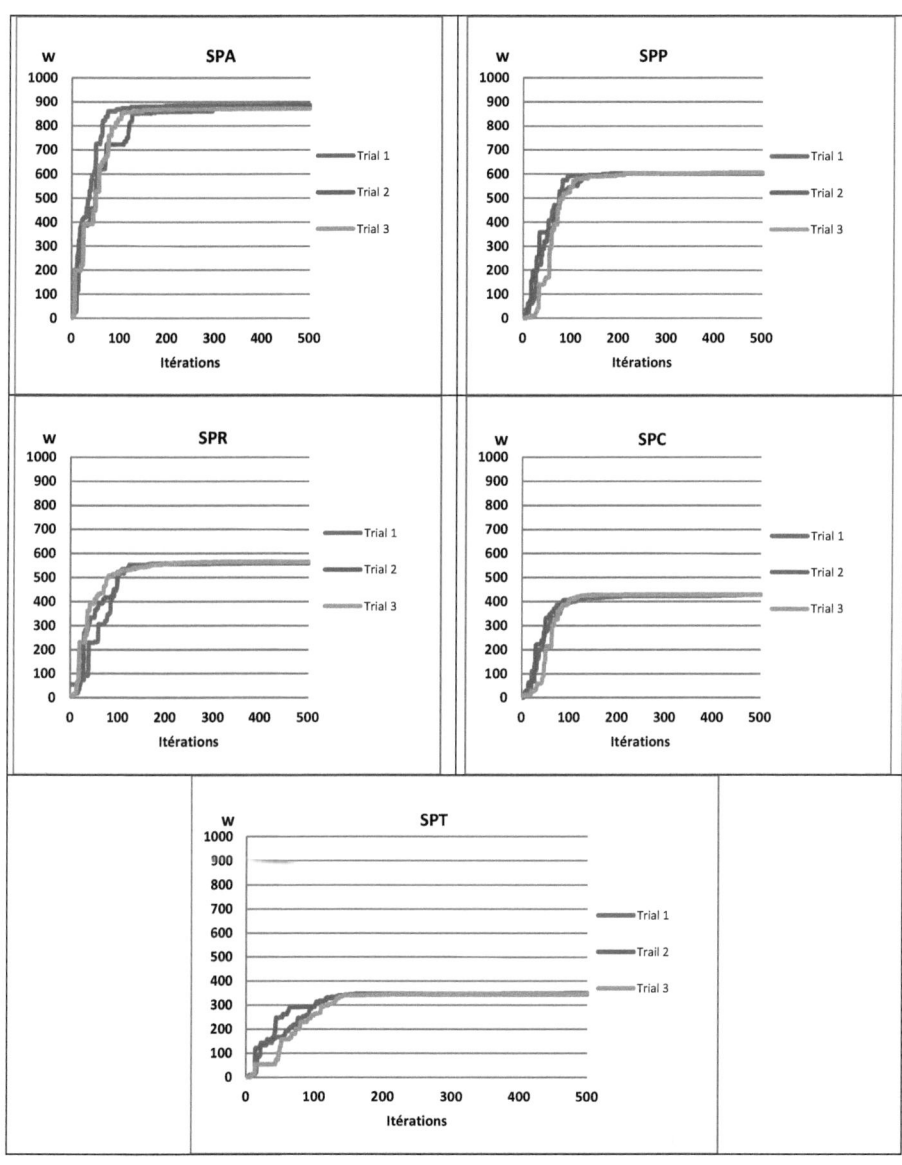

Figure 4.8. Evolution de l'optimisation du produit de l'efficacité éxergétique du stack par la puissance acoustique produite par le stack pour les 5 différents stacks

Stack de Pin-Array (SPA)

Valeurs optimales des paramètres de conception											Valeurs des fonctions		
$\bar{p}_g$	fr	D	r_h	l_s	T_c	l_c	ξ	Dr	X_{SPA}	Q_c	W	η_{ex}
Bar	Hz	cm	mm	m	K	m	%	%		Kw	w	%
50	157	6	0.76	0.36	100	0.53	95	7	10	12	2760	33

Stack de Plaques en Parallèles (SPP)

Valeurs optimales des paramètres de conception										Valeurs des fonctions		
$\bar{p}_g$	fr	D	r_h	l_s	T_c	l_c	ξ	Dr	Q_c	W	η_{ex}
Bar	Hz	cm	mm	m	K	m	%	%	Kw	w	%
50	125.1	6	0.22	0.39	1000	0.59	95	7	12.9	2365	25.5

Stack de Pores Rectangulaires (SPR)

Valeurs optimales des paramètres de conception											Valeurs des fonctions		
$\bar{p}_g$	fr	D	r_h	l_s	T_c	l_c	ξ	Dr	X_{SPR}	Q_c	W	η_{ex}
Bar	Hz	cm	mm	m	K	m	%	%		Kw	w	%
50	93.3	6	0.23	0.5	1000	0.8	95	7	10	14.5	2400	24

Stack de Pores Circulaires (SPC)

Valeurs optimales des paramètres de conception										Valeurs des fonctions		
$\bar{p}_g$	fr	D	r_h	l_s	T_c	l_c	ξ	Dr	Q_c	W	η_{ex}
Bar	Hz	cm	mm	m	K	m	%	%	Kw	w	%
50	85.5	6	0.20	0.5	1000	0.82	95	7	14.7	2100	20.5

Stack de Pores Triangulaires équilatèrales (SPT)

Valeurs optimales des paramètres de conception										Valeurs des fonctions		
$\bar{p}_g$	fr	D	r_h	l_s	T_c	l_c	ξ	Dr	Q_c	W	η_{ex}
Bar	Hz	cm	mm	m	K	m	%	%	Kw	w	%
50	109.15	6	0.16	0.36	1000	0.63	95	7	15.5	1950	18

Tableau 4.6. Résultats d'optimisation du produit de l'efficacité éxergétique du stack par la puissance acoustique produite par le stack pour les 5 différents stacks

Suite aux connaissances acquises au cours du développement de l'algorithme et au regard des résultats d'optimisation du produit de l'efficacité éxergétique par la puissance acoustique présentés dans cette partie, deux nouveaux axes d'approfondissement ressortent :

1) les stacks existants à ce jour ont tous des rayons hydrauliques constants tandis que l'épaisseur de la couche limite thermique est toujours variable et dépend de la variation de la température moyenne du gaz dans le stack. L'utilisation d'un stack de rayon hydraulique variable serait à envisager. L'idée étant que le rapport entre rayon hydraulique et épaisseur de la couche limite thermique soit toujours proche de l'unité.

2) la porosité du stack optimale est toujours dans toutes les optimisations réalisées égale à la valeur haute du domaine de recherche (porosité =95%). Ce résultat semble suggérer la construction d'une machine thermoacoustique composée d'une matrice de macro-machines thermoacoustiques. Chaque macro-machine n'est qu'un tube de surface transversale variable en fonction de l'épaisseur de la couche limite thermique. Donc, elle n'a ni stack ni échangeurs puisque ces éléments abaissent l'efficacité et la puissance de la machine. La Figure 4.9 montre un schéma descriptif du cas d'une matrice de macro-moteurs thermoacoustiques. Comme remarqué dans la figure, le macro-moteur est un tube de surface adapté à l'épaisseur de la couche limite thermique. Ce tube, qui a deux impédances à ces deux extrémités, absorbe une quantité de chaleur, δQ_c, dans la zone chaude, produit une puissance acoustique, δW, dans la zone stack et rejette la quantité de chaleur restante dans le fluide $\delta Q_{a,m}$, dans la zone froide.

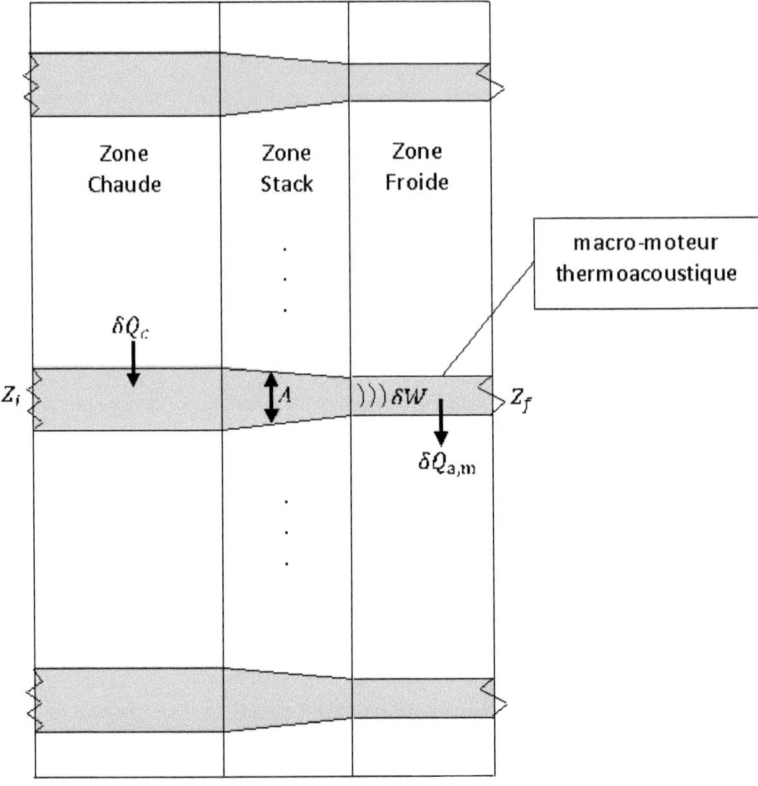

Figure 4.9. Une matrice de macro-moteur thermoacoustiques

Le présent algorithme nécessite d'être amélioré afin de devenir un outil de conception et d'optimisation performant et puissant. Cela permettra à l'algorithme d'optimiser n'importe quel type de machines thermoacoustiques et donnera la possibilité de tracer l'intégralité de la frontière de Pareto. En effet, actuellement, l'optimisation ne porte que sur trois fonctions (i.e. η_{ex}, W et $\eta_{ex} \times W$) qui converge chacune vers une zone limitée de la frontière de Pareto.

4.4 Méthode de couplage thermoacoustique électrique optimisé

Pour réaliser un système de conversion chaleur/ énergie acoustique / énergie électrique, il faudra coupler un moteur thermoacoustique avec un générateur électrique linéaire, ayant tous deux des efficacités ainsi que des puissances générées élevées. Dans cet objectif, le développement de l'algorithme ainsi que les études d'optimisation présentés précédemment ont été élargies.

Dans cette partie, une méthodolgie pour avoir un couplage moteur thermoacoustique / générateur électrique optimisé sera présentée. La méthodologie consiste à ce que l'impédance mécanique du moteur thermoacoustique soit égale à l'impédance mécanique du générateur électrique linéaire au niveau de la zone de couplage thermoacoustique/électrique, x_{GEL} (voir la Figure 4.10). Cette méthodologie a été montré expérimentalement par Hitori [207].

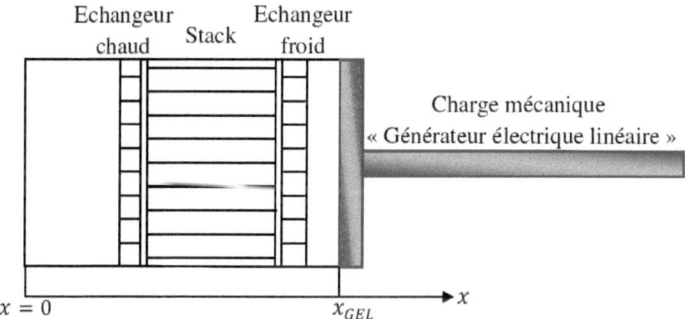

Figure 4.10. Schéma de couplage entre un moteur thermoacoustique et un générateur électrique linéaire

A partir des valeurs de A, de $p_a(x_{GEL})$ et de $U_a(x_{GEL})$, on définit l'impédance mécanique du moteur thermoacoustique à la position x_{GEL} par :

$$Z_m(x_{GEL}) = A\frac{p_a(x_{GEL})}{u_a(x_{GEL})} = A^2\frac{p_a(x_{GEL})}{U_a(x_{GEL})} \tag{4.1}$$

Sur la Figure 4.11, on a représenté le modèle analogique correspondant au générateur électrique linéaire. Cette modélisation est faite au moyen d'un simple assemblage Masse-Ressort-Amortisseur possédant les caractéristiques suivantes :

1) un piston de masse m_p et de surface A qui correspond aussi à la surface transversale du résonateur ;

2) un ressort gazeux et mécanique de raideur k ;

3) une charge électrique C_{ce} proportionnelle à la vitesse du piston

4) des frottements visqueux dans le volume de gaz V_p caractérisés par un coefficient C_{cp}.

On considère que le piston est mis en mouvement sous l'action engendrée par la pression acoustique variable qui s'exerce sur sa surface. On considère aussi que $x_p = x_{GEL}, \dot{x}_p = \frac{dx_p}{dt} = u_a$ et que $p_p = \frac{\gamma A}{V_b}\bar{p}_g x_p$ où V_p est le volume de gaz derrière le piston.

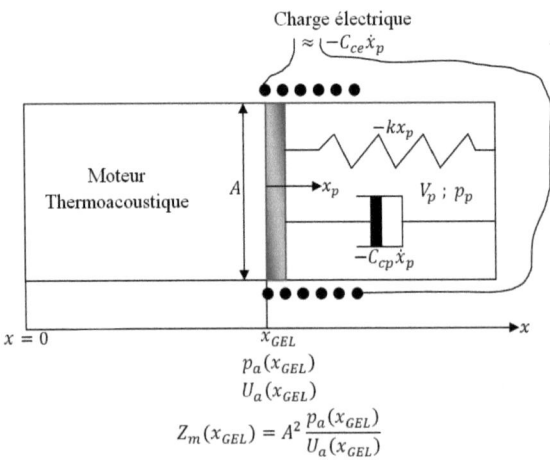

Figure 4.11. Système du générateur électrique linéaire (Masse-Ressort-Amortisseur)

En effectuant le bilan des forces appliquées sur le piston, on déduit l'équation de mouvement suivante:

$$m_p \ddot{x}_p = A(p_a - p_b) - (C_{ce} + C_{cp})\dot{x}_p - kx_p \quad (4.2)$$

En remplaçant p_b par sa valeur, l'Eq. (4.2) devient:

$$m_p \ddot{x}_p + (C_{ce} + C_{cp})\dot{x}_p + k_{eq} x_p = A p_a \quad (4.3)$$

où $k_{eq} = k + \frac{\gamma A^2}{V_b} \bar{p}_g$ représente une valeur globale de raideur due à la somme des raideurs de ressort et du volume de gaz.

La solution de l'Eq. (4.3) peut s'écrire sous la forme suivante :

$$x_p = x_{pmax} e^{i\omega t} \quad (4.4)$$

où ω est la fréquence angulaire caractéristique du moteur thermoacoustique.

En introduisant l'Eq. (4.4) dans l'Eq. (4.3), on obtient le mouvement de piston :

$$x_p = \frac{A p_a}{(k_{eq} - m_p \omega^2) + i\omega(C_{ce} + C_{cp})} \quad (4.5)$$

La vitesse du piston est donc égale à :

$$\frac{dx_p}{dt} = i\omega x_p = \frac{A p_a}{(C_{ce} + C_{cp}) + i(m_p \omega - \frac{k_{eq}}{\omega})} = u_a \quad (4.6)$$

De l'Eq. (4.6), on peut déduire que l'impédance mécanique du générateur électrique linéaire à la position x_{GEL} est finalement exprimée par la relation :

$$Z_m = (C_{ce} + C_{cp}) + i m_p \omega \left(1 - \frac{\omega_p^2}{\omega^2}\right) \quad (4.7)$$

Où la pulsation propre du piston $\omega_p = \sqrt{\frac{k_{eq}}{m_p}}$.

Finalement, à la position x_{GEL}, l'impédance mécanique du générateur électrique linéaire de l'Eq. (4.7) doit être égale à l'impédance mécanique du moteur thermoacoustique de l'Eq. (4.1), on obtient alors la relation suivante :

$$(C_{ce} + C_{cp}) + i m_p \omega \left(1 - \frac{\omega_p^2}{\omega^2}\right) = A^2 \frac{p_a(x_{GEL})}{U_a(x_{GEL})} \quad (4.8)$$

A partir de l'Eq. (4.8), trois points de vue sont envisageables :

1) Soit on optimise le moteur thermoacoustique puis on adapte le générateur électrique.

2) Soit on impose le générateur électrique et on optimise le moteur thermoacoustique en fonction des caractéristiques du générateur électrique.

3) Soit on impose des contraintes concernant le générateur électrique et le moteur thermoacoustique. Ensuite, on optimise le moteur thermoacoustique en prenant en compte ces contraintes imposées.

Dans le premier cas, l'optimisation du moteur thermoacoustique donne :

1) $p_a(x_{GEL})$;
2) A;
3) $U_a(x_{GEL})$;
4) ω.

Donc, on peut déterminer la force appliquée sur le piston du générateur électrique linéaire, $A \times p_a(x_{GEL})$, ainsi que son déplacement, $x_p = \frac{U_a(x_{GEL})}{iA\omega}$, et sa fréquence propre $\omega_p = \sqrt{\frac{k_{eq}}{m_p}} = \omega$. Avec la détermination de $C_{ce}, +C_{cp}$ à partir de l'Eq. (4.8), on connait toutes les caractéristiques du générateur électrique linéaire qu'il faut construire.

Dans le deuxième cas, le générateur électrique linéaire donne :

1) $A \times p_a(x_{GEL})$;
2) $C_{ce} + C_{cp}$;
3) x_p ;
4) ω_p.

Donc, on connait la fréquence du moteur thermoacoustique $\omega = \omega_p$ ainsi que son impédance mécanique à la position x_{GEL}, $A^2 \frac{p_a(x_{GEL})}{U_a(x_{GEL})}$. A partir de ces contraintes, on optimise le moteur thermoacoustique.

Dans le troisième cas, à partir des contraintes imposées et à l'aide de l'Eq. (4.8), on optimise le moteur thermoacoustique.

4.5 Conclusions

Un nouvel algorithme d'optimisation et de dimensionnement pour les machines thermoacoustiques a été développé dans ce chapitre. Il est basé sur la méthode d'optimisation par essaims particulaires et il résout numériquement, par la méthode de Runge-Kutta d'ordre 4, les équations thermoacoustiques linéaires de Rott. Il permet de déterminer les évolutions axiales de la pression acoustique, du débit volumique acoustique et de la température moyenne du gaz tout au long de la machine thermoacoustique en projet. En particulier, l'algorithme permet de :

1) faire une optimisation multiobjectif en optimisant simultanément l'efficacité éxergétique et la puissance acoustique de la machine ;

2) de prendre en compte dans l'optimisation tous les paramètres de conception sachant que dans une machine thermoacoustique, il existe plus de 20 paramètres de conception concernant les configurations géométriques de chaque composant de la machine et les paramètres physiques du fluide de travail ;

3) de réduire de manière significative le temps de calcul ;

4) d'offrir une solution optimale globale ;

5) de donner des résultats précis bien que restant dans le cadre de la thermoacoustique linéaire (phénomène divers de streaming et pertes turbulents non pris en compte).

Une méthode d'utilisation de l'algorithme d'optimisation pour le couplage moteur thermoacoustique / générateur électrique linéaire a été présentée.

CONCLUSIONS GENERALES ET PERSPECTIVES

L'objectif de cette thèse est la mise au point d'un outil numérique pour optimiser les performances d'un moteur thermoacoustique en vue de son couplage avec un générateur électrique linéaire. Ce système a pour vocation de convertir l'énergie thermique d'une source chaude (rejet thermique) en énergie mécanique acoustique puis en en énergie électrique. Or, pour avoir un convertissement thermique/acoustique/électrique avec une efficacité et une puissance simultanément élevées, il faut tout d'abord que la conversion thermique/acoustique ait une efficacité de conversion et une puissance mécanique généré simultanément élevées. Dans une telle situation, il est dont important de se doter d'un outil numérique de dimensionnement et d'optimisation pratique, souple, relativement rapide et performant. Un nouvel algorithme d'optimisation et de dimensionnement pour les machines thermoacoustiques a donc été développé.

L'algorithme développé est une contribution originale très importante en thermoacoustique ; en effet, il présente les avantages suivants :

1) il utilise la méthode d'optimisation par essaims particulaires qui n'a jamais été utilisé auparavant en thermoacoustique. Cette méthode réduit énormément le temps de calcul des tests d'optimisations ;

2) il permet d'optimiser des fonctions mono-objectif aussi bien que des fonctions multiobjectifs, c.à.d. de faire par exemple une optimisation simultanée de l'efficacité éxergétique et de la puissance mécanique générée, d'une machine thermoacoustique en fonction de tous les paramètres de conception de la machine avec un temps de calcul très raisonnable. Rappelons que, dans la littérature, on ne trouve que des méthodes d'optimisation mono-objectifs paramétriques qui sont très coûteuses au niveau du temps de calcul ;

3) il offre une solution optimale globale alors que les méthodes d'optimisation existantes à ce jour n'offrent que des solutions optimales locales ;

4) il résout numériquement, via la méthode de Runge-Kutta d'ordre 4, les équations de la thermoacoustique linéaire à travers tous les segments de la machine ; il peut donc être adapté facilement à des diverses géométries ;

5) il est un outil d'exploitation et d'exploration qui permet d'innover à partir de nouveaux concepts des machines thermoacoustiques ;

6) il réduit énormément le nombre de prototypes à réaliser pour valider les hypothèses de conception et de dimensionnement des machines thermoacoustiques susceptibles d'avoir des efficacités thermiques et des puissances mécaniques acoustiques générées simultanément élevées ;

7) il réduit le temps et le coût de réalisation des machines thermoacoustiques tout en augmentant leurs qualités.

Les travaux de ce mémoire de thèse, qui amènent à l'algorithme développé, se composent de quatre chapitres. Le premier chapitre est dédié à l'étude bibliographique concernant le développement de la thermoacoustique. De plus, une description qualitative sur le principe de fonctionnement des moteurs et des réfrigérateurs thermoacoustiques est réalisée afin de décrire comment l'effet thermoacoustique de ces machines peut générer des cycles thermodynamiques.

Dans le chapitre 2, l'application de la théorie thermoacoustique linéaire de Rott sur l'équation d'état d'un gaz parfait, sur les équations de Navier-Stokes et sur les principes de la thermodynamique a été abordée. Ainsi, les équations principales de la thermoacoustique linéaire utilisées dans les codes de simulation ont été résumées. Ces équations forment un système d'équations différentielles non linéaires d'ordre 1 de la pression acoustique p_a, du débit volumique acoustique U_a et de la température moyenne de gaz $\bar{T}_g$, mais qui n'a pas de solution analytique. Donc, une résolution numérique de ce système des équations est nécessaire. Cependant, la résolution numérique est coûteuse au niveau du temps de calcul ce qui empêche de réaliser une optimisation globale. Pour cela, les méthodes d'optimisation existantes à ce jour dans la littérature se réduisent à des optimisations mono-objectifs paramétriques. Une étude bibliographique sur les méthodes d'optimisation en thermoacoustique est ainsi illustrée dans ce chapitre.

Le chapitre 3 a présenté un modèle thermoacoustique adimensionnel simple qui consiste à imposer les champs acoustiques (p_a) et la distribution de température de gaz dans le stack ($\bar{T}_g$) qui est supposée linéaire. Ce modèle sert à étudier (étude paramétrique) ou à optimiser l'**efficacité** et la puissance produite par un stack de plaques planes parallèles d'un moteur thermoacoustique en fonction de trois paramètres de conception du moteur qui sont la position du stack dans le résonateur, le rayon hydraulique du stack et le taux d'onde acoustique. La première étude présentée a été une méthode d'optimisation mono-objectif paramétrique tandis que la deuxième méthode était basée sur la méthode d'optimisation par essaims particulaires qui a été présentée dans ce chapitre ainsi que son algorithme et son organigramme.

Malgré l'utilisation d'un modèle simple et l'optimisation d'une seule fonction dépendant seulement de trois paramètres de conception, les résultats de la première méthode d'optimisation nécessitent un effort et un temps de calcul et d'analyse considérable. Il faut en effet explorer manuellement les possibilités paramètre par paramètre. En plus, ces résultats n'offrent que des solutions optimales locales et ne garantissent pas d'avoir une efficacité et une puissance produite simultanément élevées.

Cependant nous avons, grâce à elle, retrouvé les résultats courants concernant le rayon hydraulique et le type d'onde à utiliser en fonction de l'objectif désiré : maximiser le rendement ou la puissance.

L'application de la deuxième méthode d'optimisation prouve qu'elle a beaucoup de potentiel comparativement aux méthodes d'optimisation présentées dans la littérature jusqu'à maintenant. Les résultats de notre travail montrent que le temps de calcul et d'analyse est énormément réduit. De plus, l'utilisation de la méthode d'optimisation par essaims particuliers permet d'optimiser une fonction multiobjectif qui garantit d'avoir une efficacité et une puissance mécanique produite simultanément élevées et qui peut offrir une solution optimale globale. En fait, la fonction multiobjectif doit être choisie pour satisfaire le cahier de charges du problème posé. A titre d'exemple, dans cette thèse, le produit de l'efficacité par la puissance a été choisi comme fonction multiobjectif à optimiser.

En résumé, les résultats du chapitre 3 montrent que pour avoir un moteur thermoacoustique ayant une efficacité et une puissance simultanément élevées, il faut que les trois conditions suivantes soient réalisées :

1) le moteur fonctionne avec une onde acoustique mixte progressive-stationnaire ;

2) le stack/régénérateur possède un rayon hydraulique beaucoup plus petit que la valeur de l'épaisseur de la couche limite thermique ;

3) le stack/régénérateur est positionné à cinq centième de la valeur de la longueur d'onde.

L'algorithme présenté au chapitre 4 utilise la méthode d'optimisation par essaims particuliers et résout numériquement, via la méthode de Runge-Kutta d'ordre 4, les équations thermoacoustiques linéairisées. Il a été appliqué pour optimiser le stack d'un moteur thermoacoustique à onde stationnaire en fonction de tous les paramètres de conception du moteur, soit une vingtaine au total.

Une caractéristique qui pourra être ajoutée ultérieurement à l'algorithme est de pouvoir tracer la frontière de Pareto pour chaque optimisation ou encore de faire des calculs en parallèle sur plusieurs unités centrales de traitement ce qui permettra de réduire le temps de calcul à quelques minutes.

En conclusion dans le modèle de moteur étudié, pour avoir un stack ayant des valeurs simultanément élevées de l'efficacité et de la puissance, il faut que :

1) le drive ratio, la pression moyenne du gaz, la surface transversale du gaz dans le résonateur, la température moyenne du gaz à l'entrée du stack et la porosité du stack soient les plus élevées possibles ;

2) la fréquence doit être aussi relativement élevée (de l'ordre de 125 Hz) ;

3) le rayon hydraulique du stack doit être de l'ordre de l'épaisseur moyenne de la couche limite thermique dans le stack (soir de l'ordre de 0.2 mm à 125 Hz) ;

4) la longueur du stack doit être de l'ordre de 0.4 m pour une fréquence de 125 Hz ;

5) la position du stack soit éloignée de 0.6 m de l'extrémité fermé du moteur pour une fréquence de 125 Hz.

Une étude de modèles pour le couplage moteur thermoacoustique / générateur électrique linéaire a aussi été réalisée. Le principe de base de notre méthode est d'avoir, à la position du couplage (extrémité de la zone de calcul), la même impédance mécanique pour le moteur thermoacoustique et pour le générateur électrique linéaire.

Deux déductions importantes sont aussi tirées des résultats du chapitre 4, déductions qui suggèrent de futures pistes d'exploration qui pourraient conduire à des brevets.

La première remarque concerne l'étude de réalisation d'un nouveau concept de stack ayant un rayon hydraulique variable en fonction de l'épaisseur de la couche limite thermique à l'intérieure du stack (par exemple de forme trapézoïde au lieu de plaques planes parallèles).

La deuxième remarque concerne l'étude de réalisation des machines thermoacoustiques composées d'un ensemble de macro-machines thermoacoustiques qui n'ont ni de stack ni des échangeurs.

L'étude présentée dans cette thèse n'est que le début de nos recherches puisque l'algorithme développé peut facilement être étendu pour optimiser n'importe quel type de machines thermoacoustiques, c.à.d. pour devenir un outil d'optimisation et de dimensionnement ultra puissant qui permet de construire des prototypes de machines thermoacoustiques. Pour être prêtes à commercialisées, ces prototypes devront encore subir l'épreuve de tests et de nombreuses études expérimentales. D'autre part, nous avons montré que dans le cadre de l'optimisation d'un système moteur thermoacoustique / générateur électrique, l'utilisation de la méthode d'optimisation par essaims particulaires doit être appliquée au système et non pas à chaque machine prise séparément. Cela nécessite la détermination de paramètres d'optimisation adaptés à l'application recherchée.

ANNEXE A

PRINCIPE PHYSIQUE DE FONCTIONNEMENT DES REFRIGERATEURS THERMOACOUSTIQUES

A.1 Cas d'un régénérateur ($r_h << \delta_t$)

A.1.1 Régénérateur dans un réfrigérateur thermoacoustique à onde stationnaire

Le cycle thermodynamique du cas d'un régénérateur utilisé dans un réfrigérateur thermoacoustique à onde stationnaire est constitué de deux transformations réversibles (voir la Figure A.1) :

1) la particule de gaz se déplace isothermiquement de sa position extrémale initiale à sa position extrémale opposée ; elle subit simultanément une diminution de pression et une dilatation volumique en absorbant une quantité de la chaleur ;

2) elle se déplace isothermiquement de sa position extrémale opposée à sa position extrémale initiale ; elle subit simultanément une augmentation de pression et une contraction volumique en rejetant la quantité de la chaleur absorbée lors de la phase 1. Ainsi, le cycle induit est un cycle plat qui ne comporte aucun transport de la chaleur. Par conséquent, le régénérateur dans un réfrigérateur à onde stationnaire ne fonctionne pas à cause :

1) de la phase de type stationnaire entre la pression et la vitesse de la particule de gaz ;

2) de la réversibilité thermique dans le régénérateur.

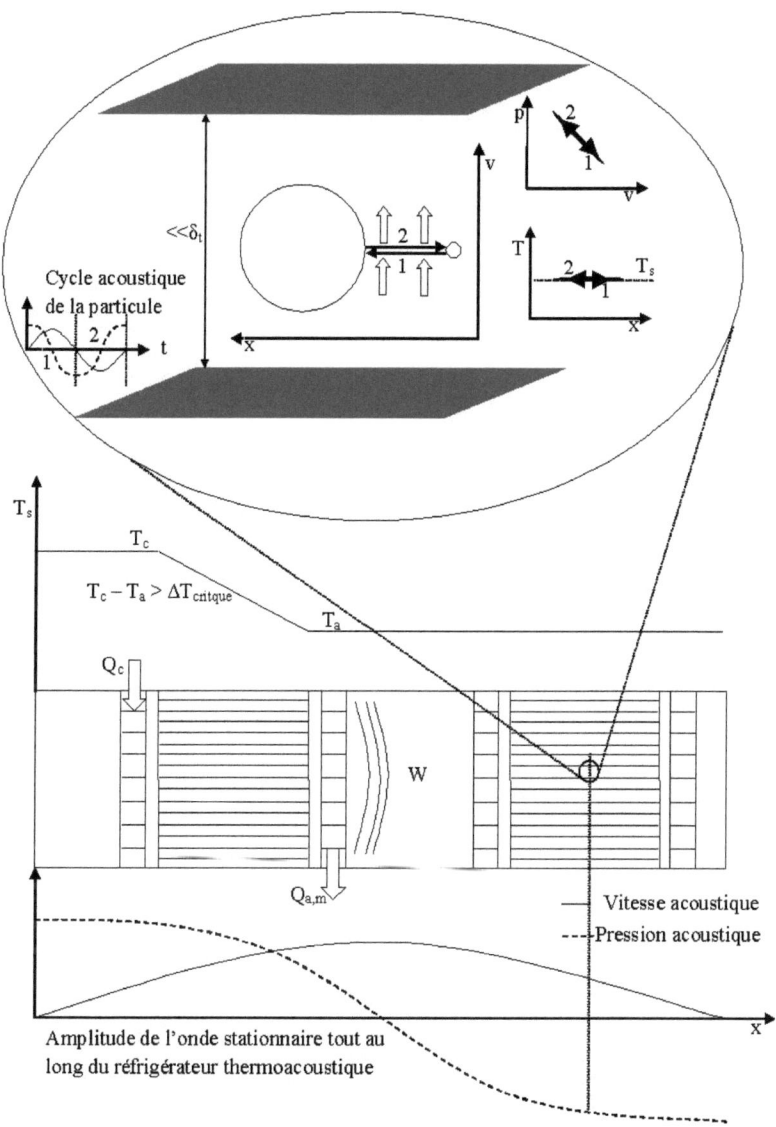

Figure A.1. Principe de fonctionnement d'un réfrigérateur thermoacoustique à onde stationnaire avec un régénérateur

A.1.2 Régénérateur dans un réfrigérateur thermoacoustique à onde progressive

Le fonctionnement du régénérateur change complètement si on le met dans un réfrigérateur à onde progressive. En partant d'un gradient thermique axial nul le long du régénérateur, ce dernier commence à pomper de la chaleur par conversion de la puissance acoustique. Un gradient thermique axial s'établit donc le long du régénérateur. Le cycle thermodynamique dans ce cas est formé de quatre transformations réversibles (voir la Figure A.2) :

1) la particule de gaz se déplace de sa position extrémale chaude vers sa position extrémale froide ; elle subit simultanément une augmentation de pression et une contraction volumique en rejetant de la chaleur ;

2) elle continue à se déplacer jusqu'à sa position extrémale froide ; elle subit une diminution de pression et elle continue de subir une contraction volumique tout en continuant à rejeter de la chaleur ;

3) elle se déplace de sa position extrémale froide vers sa position extrémale chaude ; elle subit simultanément une diminution de pression et une dilatation volumique en absorbant de la chaleur ;

4) elle continue à se déplacer jusqu'à sa position extrémale chaude ; elle subit une augmentation de pression et elle continue de subir une dilatation volumique tout en continuant à absorber de la chaleur.

Le cycle décrit (diagramme p-v de la Figure A.2) génère un gradient thermique axial le long du régénérateur et cela pour une température froide voire cryogénique d'un côté du régénérateur et une température ambiante de l'autre côté du régénérateur. Ainsi, l'efficacité et la puissance thermique transportée correspondant à ce processus sont élevées grâce à :

1) la phase de type progressive entre la pression et la vitesse de la particule de gaz ;

2) la réversibilité thermique qui permet à la température des parois du régénérateur de rester à la température des particules de gaz lors de l'oscillation des particules (voir le diagramme T-x de la Figure A.2).

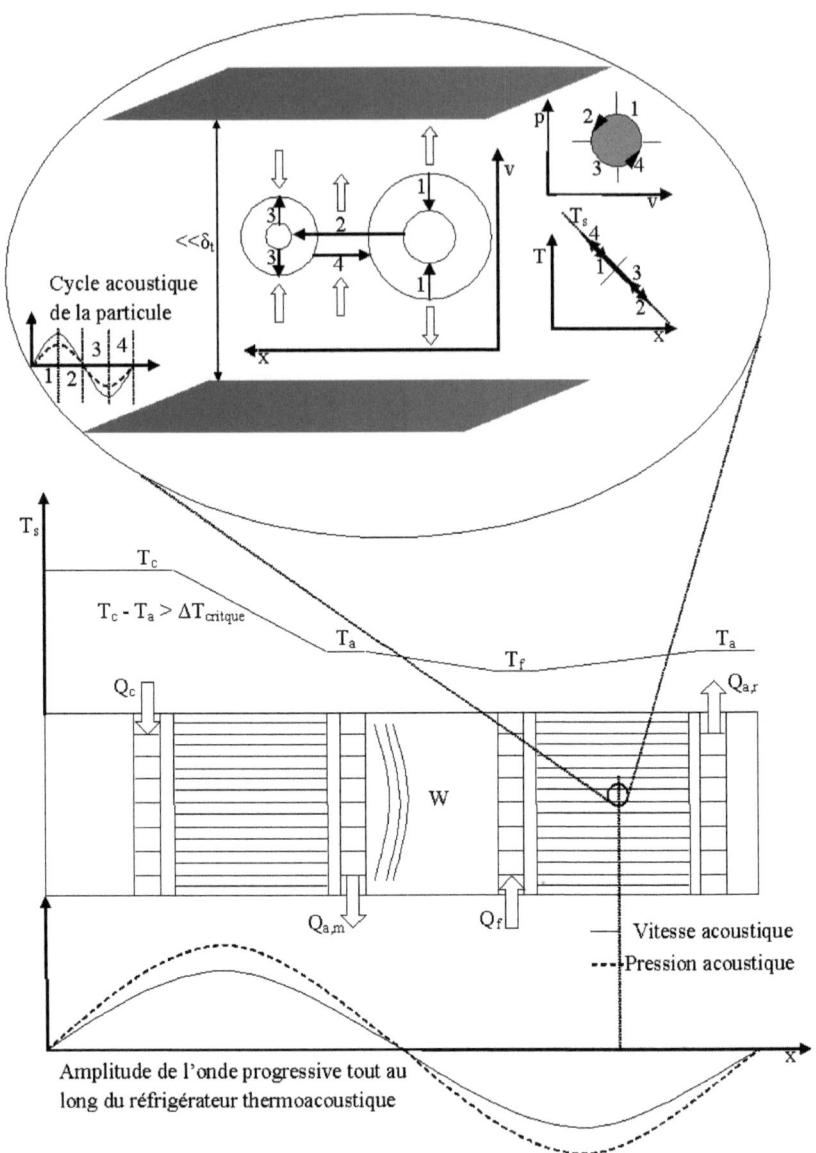

Figure A.2. Principe de fonctionnement d'un réfrigérateur thermoacoustique à onde progressive avec un régénérateur

A.1.3 Régénérateur dans un réfrigérateur à onde mixte stationnaire/progressive

Dans le cas d'un réfrigérateur à onde mixte stationnaire/progressive, la puissance thermique transportée à travers le régénérateur serait représentée par la surface d'une ellipse dans le diagramme p-v. Cette surface serait comprise entre la ligne diagonale du cas d'un réfrigérateur à onde stationnaire (Figure A.1) et le cercle du cas d'un réfrigérateur à onde progressive (Figure A.2).

A.2 Cas d'un stack ($r_h \sim \delta_t$)

A.2.1 Stack dans un réfrigérateur à onde stationnaire

Le cycle thermodynamique correspondant au cas d'un stack dans un réfrigérateur à onde stationnaire (voir la Figure A.3.) est formé de quatre transformations irréversibles :

1) la particule de gaz se déplace adiabatiquement de sa position extrémale chaude vers sa position extrémale froide en subissant une diminution de pression ;

2) elle continue à se déplacer jusqu'à sa position extrémale froide ; sa température est inférieure à la température des parois du stack ; elle absorbe de la chaleur en subissant simultanément une diminution de pression et une dilatation volumique ;

3) elle se déplace adiabatiquement depuis sa position extrémale froide vers sa position extrémale chaude en subissant une augmentation de pression ;

4) elle termine de se déplacer jusqu'à sa position extrémale chaude ; sa température est supérieure à la température des parois du stack ; elle rejette de la chaleur en subissant simultanément une augmentation de pression et une contraction volumique.

Le cycle ainsi décrit (diagramme p-v de la Figure A.3.) implique le transport de chaleur par conversion, chaleur issue de la conversion de la puissance acoustique. Ainsi, un gradient thermique axial s'établit le long du stack.

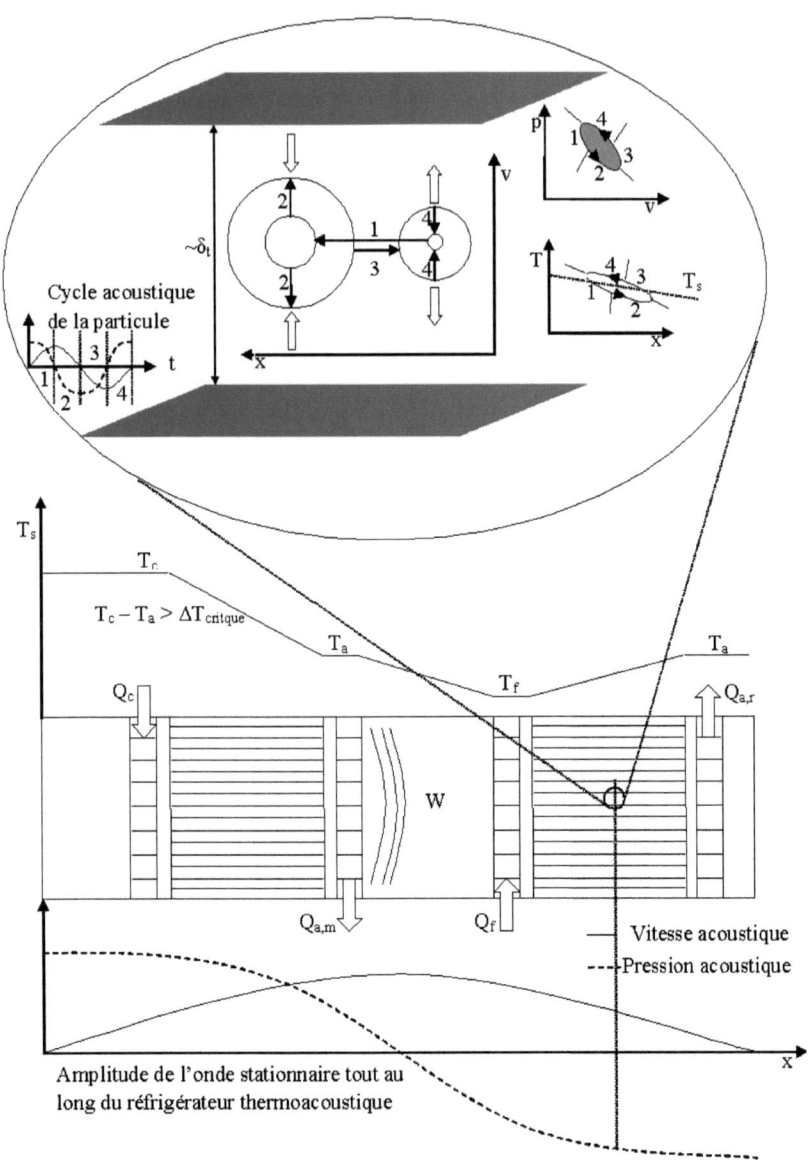

Figure A.3. Principe de fonctionnement d'un réfrigérateur thermoacoustique à onde stationnaire avec un stack

En fait, le stack dans un réfrigérateur à onde stationnaire (Figure A.3.) modifie légèrement l'onde stationnaire en une onde mixte stationnaire-progressive grâce au contact imparfait entre les particules de gaz et les parois du stack. Cette irréversibilité thermique dans le stack permet au cycle thermodynamique de se décomposer en deux transformations adiabatiques, l'une absorbant une quantité de la chaleur d'un côté du stack, l'autre rejetant cette quantité de la chaleur à l'autre extrémité du stack. A contrario, la réversibilité thermique (c.à.d. le cas où un régénérateur est utilisé dans le réfrigérateur (Figure A.1)) permet aux particules de gaz d'avoir deux transformations réversibles et isothermes correspondant à chaque période de leurs oscillations. Donc, on conserve une onde stationnaire pure. Par conséquent, l'irréversibilité thermique dans le stack transforme la ligne diagonale du diagramme p-v de la Figure A.1 en une ellipse en absorbant une quantité de la chaleur du côté froid du stack et en rejetant cette quantité de la chaleur du côté chaud ou ambiante du stack.

A.2.2 Stack dans un réfrigérateur à onde progressive.

Dans le cas où un stack est utilisé dans un réfrigérateur à onde progressive, le cycle thermodynamique correspondant est formé de quatre transformations irréversibles (Figure A.4) :

1) la particule de gaz se déplace adiabatiquement de sa position extrémale froide vers sa position extrémale chaude en subissant une augmentation de pression ;

2) elle continue à se déplacer jusqu'à sa position extrémale chaude ; sa température étant supérieur à la température des parois du stack, elle rejette de la chaleur en subissant simultanément une diminution de pression et une contraction volumique ;

3) elle se déplace adiabatiquement depuis sa position extrémale chaude vers sa position extrémale froide en subissant une diminution de pression ;

4) elle continue à se déplacer jusqu'à sa position extrémale froide ; sa température est inférieur à la température des parois du stack et elle absorbe donc une quantité de la chaleur qui entraîne simultanément une augmentation de pression et une dilatation volumique.

Le cycle ainsi réalisé (diagramme p-v de la Figure A.4) implique le transport d'une puissance thermique de côté froid du stack vers le côté chaud du stack (la surface elliptique dans le diagramme p-v).

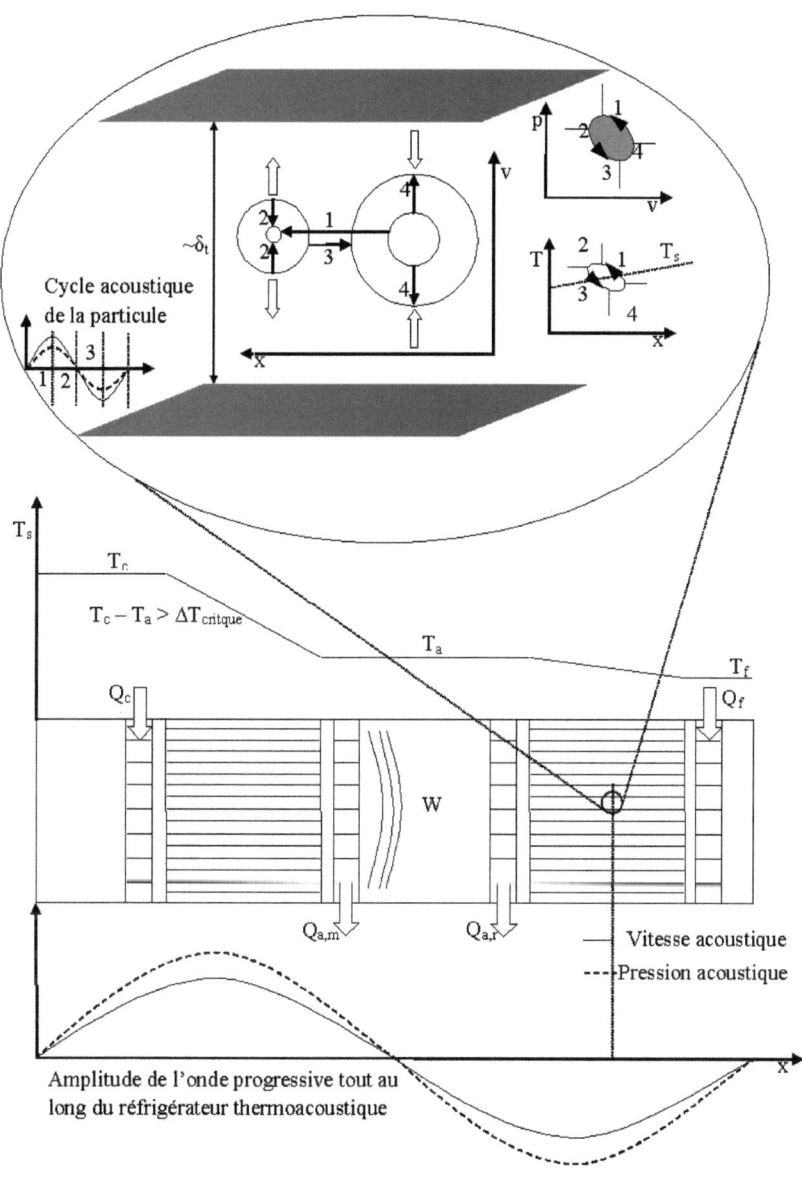

Figure A.4. Principe de fonctionnement d'un réfrigérateur thermoacoustique à onde progressive avec un stack

En comparant le cas d'un stack dans un réfrigérateur à onde progressive (Figure A.4) avec le cas d'un régénérateur dans le réfrigérateur à onde progressive (Figure A.2), on remarque que la puissance thermique transportée par la particule de gaz est moindre. Cela est dû au contact thermique imparfait entre la particule de gaz et les parois du stack.

Le tube dans le réfrigérateur à tube à gaz pulsé (Figure 1.13) fonctionne comme un stack dans un réfrigérateur à onde stationnaire (Figure A.3.). Ainsi, le tube crée un gradient thermique axial le long du tube en maintenant la température froide du côté du régénérateur. De fait, un gradient thermique axial s'établit le long du régénérateur qui commence à fonctionner comme un atténuateur de la puissance acoustique qui entre du côté chaud du régénérateur et sort du côté froid du régénérateur. Par conséquent, le gradient thermique axial le long du régénérateur augmente du fait de l'abaissement de la température froide. Sans la présence du tube à gaz pulsé, le régénérateur ne fonctionne pas comme montré dans le paragraphe A.1.1 et comme aussi décrit dans le paragraphe 1.2.5.

A.2.3 Stack dans un réfrigérateur à onde mixte stationnaire/progressive.

Dans le cas d'un réfrigérateur thermoacoustique à onde mixte stationnaire/progressive, la puissance thermique transportée à travers le stack va être comprise entre la valeur de la puissance acoustique transportée dans un réfrigérateur à onde stationnaire et celle transportée dans un réfrigérateur à onde progressive.

A.3 Cas d'un rayon hydraulique très supérieure à l'épaisseur de la couche limite thermique $r_h >> \delta_t$

Dans le cas où le rayon hydraulique est trop grand devant l'épaisseur de la couche limite thermique, il n y a aucun contact thermique entre les particules de gaz et les parois du milieu poreux. Dans ce cas, aucune puissance thermique ne serait transportée même avec la présence d'une onde acoustique qui se propage dans le gaz.

BIBLIOGRAPHIES

[1] B. Higgins, "Nicholson's J1," p. 130, 1802.

[2] P. L. Rijke, "Notiz über eine neue Art, die in einer an beiden Enden offenen Röhre enthaltene Luft in schwingungen zu versetzen," *Ann Phys (Leipzig)*, vol. 107, p. 339, 1859.

[3] K. T. Feldman Jr., "Review of the literature on Rijke thermoacoustic phenomena," *Journal of Sound and Vibration*, vol. 7, pp. 83–89, 1968.

[4] C. Sondhauss, "Uber die Schallswingungen der Luft in erhitzten Glasröhren und in gedeckten Pfeifen von ungleicher Weite," *Ann Phys (Leipzig)*, vol. 79, p. 1, 1850.

[5] N. Rott, "Thermally driven acoustic oscillations, part IV: Tubes with variable cross-section," *Journal of Applied Mathematics and Physics (ZAMP)*, vol. 27, pp. 197–224, 1976.

[6] G. Kirchhoff, "Ueber den Einfluss der Wärmeleitung in einem Gas auf die Schallbewegung," *Ann Phys (Leipzig)*, vol. 134, p. 177, 1868.

[7] Lord Rayleigh, "The explanation of certain acoustical phenomena," *Nature (London)*, vol. 18, pp. 319–321, 1878.

[8] Lord Rayleigh, *Theory of Sound*, Vol. II. Macmillan, 1896.

[9] K. W. Taconis, J. J. M. Beenakker, A. O. C. Nier, and L. T. Aldrich, "Vapor-liquid equilibrium of solutions of 3He in 4He," *Physica*, vol. 15, p. 733, 1949.

[10] H. A. Kramers, "Vibrations of a Gas Column," *Physica*, vol. 15, p. 971, 1949.

[11] J. R. Clement and J. Gaffney, "Thermal oscillations in low-temperature apparatus," *Advances in Cryogenic Engineering*, vol. 1, p. 302, 1954.

[12] T. Yazaki, A. Tominaga, and Y. Narahara, "Stability limit for thermally driven acoustic oscillations," *Cryogenics*, vol. 19, pp. 393–396, 1979.

[13] T. Yazaki, A. Tominaga, and Y. Narahara, "Experiments on Thermally Driven Acoustic Oscillations of Gaseous Helium," *Journal of Low Temperature Physics*, vol. 4, 1980.

[14] T. Yazaki, S. Takashima, and U. Mizutani, "Complex Quasiperiodic and Chaotic States Observed in Thermally Induced Oscillations of Gas Columns," *physical Review Letters*, vol. 58, no. 11, pp. 1108–1111, 1987.

[15] R. L. Carter, M. White, and A. M. Steele, "Private communication of Atomics International Division of North American Aviation, Inc.," 1962.

[16] K. T. Feldman Jr., "Review of the literature on Sondhauss thermoacoustic phenomena," *Journal of Sound and Vibration*, vol. 7, pp. 71–82, 1968.

[17] K. T. Feldman Jr., "A study of heat generated pressure oscillations in a closed end pipe," University of Missouri, 1966.

[18] W. E. Gifford and R. C. Longsworth, "Pulse tube refrigeration progress," *Advances in Cryogenic Engineering*, vol. 10B, p. 69—79, 1965.

[19] N. Rott, "Damped and thermally driven acoustic oscillations in wide and narrow tubes," *Journal of Applied Mathematics and Physics (ZAMP)*, vol. 20, pp. 230–243, 1969.

[20] N. Rott, "Thermally driven acoustic oscillations, part II: Stability limit for helium," *Journal of Applied Mathematics and Physics (ZAMP)*, vol. 24, pp. 54–72, 1973.

[21] N. Rott, "Thermally driven acoustic oscillations, part III: Second-order heat flux," *Journal of Applied Mathematics and Physics (ZAMP)*, vol. 26, pp. 43–49, 1975.

[22] N. Rott, "Thermally driven acoustic oscillations, part V: Gas-Liquid Oscillations," *Journal of Applied Mathematics and Physics (ZAMP)*, vol. 27, pp. 325–334, 1976.

[23] N. Rott, "Thermoacoustics," *Advances in Applied Mechanics*, vol. 20, pp. 135–175, 1980.

[24] N. Rott, "Thermally driven acoustic oscillations, part VI: Excitation and Power," *Journal of Applied Mathematics and Physics (ZAMP)*, vol. 34, pp. 609–626, 1983.

[25] P. Merkli and H. Thomann, "Thermoacoustic effects in a resonant tube," *Journal of Fluid Mechanics*, vol. 70, pp. 161–177, 1975.

[26] J. Wheatley, T. Hofler, G. W. Swift, and A. Migliori, "Experiments with an intrinsically irreversible acoustic heat engine," *physical Review Letters*, vol. 50, no. 7, pp. 499–502, 1983.

[27] J. Wheatley, T. Hofler, G. W. Swift, and A. Migliori, "An intrinsically irreversible thermoacoustic heat engine," *J. Acoust. Soc. Am*, vol. 74, no. 1, pp. 153–170, 1983.

[28] J. Wheatley, T. Hofler, G. W. Swift, and A. Migliori, "Understanding some simple phenomena in thermoacoustics with applications to acoustical heat engines," *American Journal of Physics*, vol. 53, no. 2, pp. 147–162, 1985.

[29] U. A. Müller and E. Lang, "Experimente mit thermisch getriebenen Gas-Flüssigkeits-Schwingungen," *Z. Angew. Math. Phys.*, vol. 36, p. 358, 1985.

[30] T. J. Hofler, "Thermoacoustic refrigerator design and performance," University of California, San Diego, 1986.

[31] T. J. Hofler, "Concepts for thermoacoustic refrigeration and a practical device," in *Proc. 5th Int. Cryocooler Conf.*, 1988.

[32] S. L. Garrett, "Resource letter: Ta-l: thermoacoustic engines and refrigerators," *American Journal of Physics*, vol. 72, no. 1, pp. 11–17, 2004.

[33] G. W. Swift, "Thermoacoustic engines," *The Journal of the Acoustical Society of America*, vol. 84, no. 4, p. 101145, 1988.

[34] G. Swift, *Thermoacoustics: A unifying perspective for some engines and refrigerators*, 5th ed. 2001.

[35] W. C. Ward and G. W. Swift, "Design Environment for Low-amplitude Thermoacoustic Engines," *J. Acoust. Soc. Am*, vol. 95, no. June, pp. 3671–3672, 1994.

[36] B. Ward and G. Swift, *Design Environment for Low-Amplitude ThermoAcoustic Engines DeltaE Tutorial and User's Guide*. LANL, 2004.

[37] J. Wheatley and A. Cox, "Natural engines," *Physics Today*, 1985.

[38] J. Wheatley and P. Ceperley, "Thermoacoustic Engines and Refrigerators," *Los Alamos Science*, no. 21, pp. 120–122, 1993.

[39] J. C. Wheatley, G. W. Swift, and A. Migliori, "THE NATURAL HEAT ENGINE," *Los Alamos Science*, 1986.

[40] G. W. Swift, "Thermoacoustic Engines and Refrigerators," *Physics Today*, vol. 48, no. 7, p. 22, 1995.

[41] G. Swift and J. Wollan, "Thermoacoustics for Liquefaction of Natural Gas," *Gastips*, vol. 8, no. 4, pp. 21–26, 2002.

[42] G. Swift, "What is thermoacoustics?," New Mexico, 2004.

[43] G. W. Swift, "Thermoacoustics," *Physical and Nonlinear Acoutics, Part B*, pp. 239–255.

[44] S. L. Garrett and R. Chen, "thermoacoustic demonstration," *Echoes*, p. 4.

[45] S. Garrett and S. Backhaus, "The Power of Sound," *American Scientist*, vol. 88, no. 6, p. 516, 2000.

[46] P. Nika, "Convertisseurs thermoacoustiques - Effet thermoacoustique," *Techniques de l'ingénieur*, no. BE 8 060, 1992.

[47] P. Nika, "Convertisseurs thermoacoustiques - Moteurs et générateurs," *Techniques de l'ingénieur*, no. BE 8 061, 1992.

[48] P. Nika, "Convertisseurs thermoacoustiques - Dimensionnement," *Techniques de l'ingénieur*, no. BE 8 062, 1992.

[49] P. Nika, "Convertisseurs thermoacoustiques Systèmes combinés moteur / générateur," *Techniques de l'ingénieur*, no. BE 8 063.

[50] P. Duthil, J.-P. Thermeau, and T. Le Polles, "La thremoacoustique va faire du bruit," *Techniques de demain*, pp. 116–121, 2009.

[51] G. W. Swift, A. Migliori, T. Hofler, and J. Wheatley, "Theory and calculations for an intrinsically irreversible acoustic prime mover using liquid sodium as primary working fluid," *J. Acoust. Soc. Am*, vol. 78, no. August, pp. 767–781, 1985.

[52] a. Migliori and G. W. Swift, "Liquid-sodium thermoacoustic engine," *Applied Physics Letters*, vol. 53, no. 5, p. 355, 1988.

[53] G. W. Swift, "A liquid-metal magnetohydrodynamic acoustic transducer," *J. Acoust. Soc. Am*, vol. 83, no. January, pp. 350–361, 1988.

[54] G. W. Swift, "Analysis and performance of a large thermoacoustic engine," *The Journal of the Acoustical Society of America*, vol. 92, no. 3, pp. 1551–1563, 1992.

[55] J. R. Olson and G. W. Swift, "A loaded thermoacoustic engine," *The Journal of the Acoustical Society of America*, vol. 98, no. 5, pp. 2690–2693, 1995.

[56] O. G. Symko, E. Abdel-raman, Y. S. Kwon, M. Emmi, R. Behunin, and «, "Design and development of high-frequency thermoacoustic engines for thermal management in microelectronics," *Microelectronics Journal*, vol. 35, pp. 185–191, 2004.

[57] T. Jin, G. B. Chen, and Y. Shen, "A thermoacoustically driven pulse tube refrigerator capable of working below 120 K," *Cryogenics*, vol. 41, pp. 595–601, 2001.

[58] H. Sugita, Y. Matsubara, A. Kushino, T. Ohnishi, H. Kobayashi, and W. Dai, "Experimental study on thermally actuated pressure wave generator for space cryocooler," *Cryogenics*, vol. 44, pp. 431–437, 2004.

[59] J. J. Wollan, G. W. Swift, S. Backhaus, and D. L. Gardner, "Development of a thermoacoustic natural gas liquiefier," New Orleans, 2002.

[60] D. A. Geller and G. W. Swift, "Thermoacoustic mixture separation with an axial temperature gradient," *The Journal of the Acoustical Society of America*, vol. 125, no. 5, pp. 2937–2945, 2009.

[61] C. Vogin and A. Alemany, "Analysis of the flow in a thermo-acoustic MHD generator with conducting walls," *European Journal Of Mechanics B/Fluids*, vol. 26, pp. 479–493, 2007.

[62] C. Gardner and C. Lawn, "DESIGN OF A STANDING-WAVE THERMOACOUSTIC ENGINE Catherine Gardner and Chris Lawn," in *The sixteenth international congress on sound and vibration*, 2009, no. July, pp. 5–9.

[63] S. Backhaus and G. Swift, "New Varieties of Thermoacoustic Engines," in *the 9th International Congress on Sound and Vibration*, 2002.

[64] W. P. Arnott, H. E. Bass, and R. Rasper, "General formulation of thermoacoustics for stacks having arbitrarily shaped pore cross sections," *J. Acoust. Soc. Am*, vol. 90, pp. 3228–3237, 1991.

[65] G. W. Swift and R. M. Keolian, "Thermoacoustics in Pin-array Stacks," *J. Acoust. Soc. Am*, vol. 94, no. August 1993, pp. 941–943, 1993.

[66] V. Gusev, P. Lotton, H. Bailliet, S. Job, and M. Bruneau, "Relaxation-Time Approximation for Analytical Evaluation of Temperature Field in Thermoacoustic Stack," *Journal of Sound and Vibration*, vol. 235, no. 5, pp. 711–726, Aug. 2000.

[67] E. C. Nsofor, S. Celik, and X. Wang, "Experimental study on the heat transfer at the heat exchanger of the thermoacoustic refrigerating system," *Applied Thermal Engineering*, vol. 27, no. 14e15, p. 2435e2442, 2007.

[68] A. Berson, M. Michard, and P. Blanc-benon, "Measurement of acoustic velocity in the stack of a thermoacoustic refrigerator using particle image velocimetry," *Heat and Mass Transfer*, vol. 44, no. 8, pp. 1015–1023, 2008.

[69] G. Mozurkewich, "Heat transfer from transverse tubes adjacent to a thermoacoustic stack," *The Journal of the Acoustical Society of America*, vol. 110, no. 2, pp. 841–847, 2001.

[70] H. Ishikawa and P. A. Hobson, "Optimisation of heat exchanger design in a thermoacoustic engine using a second law analysis," *International Communications in Heat and Mass Transfer*, vol. 23, no. 3, pp. 325–334, 1996.

[71] D. Marx and P. Blanc-Benon, "Numerical Simulation of Stack-Heat Exchangers Coupling in a Thermoacoustic Refrigerator," *AIAA Journal*, vol. 42, no. 7, pp. 1338–1347, Jul. 2004.

[72] I. Paek, J. E. Braun, and L. Mongeau, "Characterizing heat transfer coefficients for heat exchangers in standing wave thermoacoustic coolers," *The Journal of the Acoustical Society of America*, vol. 118, no. 4, pp. 2271–2280, 2005.

[73] A. Piccolo and G. Pistone, "Estimation of heat transfer coefficients in oscillating flows: The thermoacoustic case," *International Journal of Heat and Mass Transfer*, vol. 49, pp. 1631–1642, 2006.

[74] C. Herman and Æ. Y. Chen, "A simplified model of heat transfer in heat exchangers and stack plates of thermoacoustic refrigerators," *Heat and Mass Transfer*, vol. 42, pp. 901–917, 2006.

[75] L. Shi, Z. Yu, and A. J. Jaworski, "Vortex shedding flow patterns and their transitions in oscillatory flows past parallel-plate thermoacoustic stacks," *EXPERIMENTAL THERMAL AND FLUID SCIENCE*, 2010.

[76] L. Shi, Z. Yu, and A. J. Jaworski, "Application of laser-based instrumentation for measurement of time-resolved temperature and velocity fields in the thermoacoustic system," *International Journal of Thermal Sciences*, vol. 49, no. 9, pp. 1688–1701, 2010.

[77] a. Piccolo, "Numerical computation for parallel plate thermoacoustic heat exchangers in standing wave oscillatory flow," *International Journal of Heat and Mass Transfer*, vol. 54, no. 21–22, pp. 4518–4530, Oct. 2011.

[78] A. J. Jaworski and A. Piccolo, "Heat transfer processes in parallel-plate heat exchangers of thermoacoustic devices – numerical and experimental approaches," *Applied Thermal Engineering*, vol. 42, pp. 145–153, Sep. 2012.

[79] J. A. Adeff, "Measurement of the space thermoacoustic refrigerator performance," Naval Postgraduate School, Monterey, California, 1990.

[80] S. L. Garrett, J. A. Adeff, and T. J. Hofler, "Thermoacoustic refrigerator for space applications," *Journal of Thermophysics and Heat Transfer*, vol. 7, no. 4, pp. 595–599, 1993.

[81] M. P. Susalla, "Thermodynamic improvements for the space thermoacoustic refrigerator," Naval Postgraduate School, Montery, California, 1988.

[82] M. E. Poese, "Performance measurements on a thermoacoustic refrigerator driven at high amplitudes," The Pennsylvania State University, 1998.

[83] M. Poese and S. Garrett, "Performance measurements on a thermoacoustic refrigerator driven at high amplitudes," *The Journal of the Acoustical Society of America*, vol. 107, no. 5 Pt 1, pp. 2480–6, May 2000.

[84] T. Yazaki and A. Tominaga, "Measurement of sound generation in thermoacoustic oscillations," *The Royal Society*, vol. 454, pp. 2113–2122, 1998.

[85] D. F. Gaitan and A. A. Atchley, "Finite amplitude standing waves in harmonic and anharmonic tubes," *J. Acoust. Soc. Am*, vol. 93, no. 5, p. 2489, 1993.

[86] D. F. Gaitan, A. Gopinath, and A. A. Atcheley, "Experimental study of acoustic streaming and turbulence in a thermoacoustic stack," *J. Acoust. Soc. Am*, vol. 96, p. 3220, 1994.

[87] M. W. Thompson and A. A. Atchley, "Simultaneous measurement of acoustic and streaming velocities in a standing wave using Laser Doppler Anemometry," *The Journal of the Acoustical Society of America*, vol. 117, no. 4, pp. 1828–1838, 2005.

[88] H. Yuan, S. Karpov, and A. Prosperetti, "A simplified model for linear and nonlinear processes in thermoacoustic prime movers. Part II. Nonlinear oscillations," *The Journal of the Acoustical Society of America*, vol. 102, no. 6, pp. 3497–3506, 1997.

[89] S. Karpov and A. Prosperetti, "Nonlinear saturation of the thermoacoustic instability," *The Journal of the Acoustical Society of America*, vol. 107, no. 6, pp. 3130–3147, 2000.

[90] S. Karpov and A. Prosperetti, "A nonlinear model of thermoacoustic devices," *The Journal of the Acoustical Society of America*, vol. 112, no. 4, p. 1431, 2002.

[91] V. E. Gusev, H. Bailliet, P. Lotton, S. Job, and M. Bruneau, "Enhancement of the Q of a nonlinear acoustic resonator by active suppression of harmonics," *The Journal of the Acoustical Society of America*, vol. 103, no. 6, pp. 3717–3720, 1998.

[92] V. Gusev, H. Bailliet, P. Lotton, and M. Bruneau, "Interaction of counterpropagating acoustic waves in media with nonlinear dissipation and in hysteretic media," *Wave Motion*, vol. 29, pp. 211–221, 1999.

[93] G. Penelet, E. Gaviot, V. Gusev, P. Lotton, and M. Bruneau, "Experimental investigation of transient nonlinear phenomena in an annular thermoacoustic prime-mover: observation of a double-threshold effect," *Cryogenics*, vol. 42, no. 9, pp. 527–532, 2002.

[94] G. Penelet, M. Guedra, V. Gusev, and T. Devaux, "Simplified account of Rayleigh streaming for the description of nonlinear processes leading to steady state sound in thermoacoustic engines," *International Journal of Heat and Mass Transfer*, vol. 55, no. 21–22, pp. 6042–6053, Oct. 2012.

[95] P. Blanc-benon, E. Besnoin, and O. Knio, "Experimental and computational visualization of the flow field in a thermoacoustic stack - Visualisation expérimentale et numérique du champ de vitesse dans un réfrigérateur thermoacoustique," *Comptes Rendus Mecanique*, vol. 331, no. 1, pp. 17–24, 2003.

[96] M. Michard, P. Blanc-benon, N. Grosjean, and C. Nicot, "Apport de la Vélocimétrie par Images de Particules pour la caractérisation du champ de vitesse acoustique dans une maquette de réfrigérateur thermoacoustique," in *9e Congrès Francophone de Vélocimétrie Laser*, 2004, pp. 1–7.

[97] M. F. Hamilton, Y. A. Ilinskii, and E. A. Zabolotskaya, "Nonlinear two-dimensional model for thermoacoustic engines," *The Journal of the Acoustical Society of America*, vol. 111, no. 5, p. 2076, 2002.

[98] M. F. Hamilton, Y. A. Ilinskii, and E. A. Zabolotskaya, "Thermal effects on acoustic streaming in standing waves," *The Journal of the Acoustical Society of America*, vol. 114, no. 6, pp. 3092–3101, 2003.

[99] A. S. Worlikar and O. M. Knio, "Numerical Simulation of a Thermoacoustic Refrigerator I . Unsteady Adiabatic Flow around the Stack," *Journal of Computational Physics*, vol. 127, pp. 424–451, 1996.

[100] M. Watanabe, A. Prosperetti, and H. Yuan, "A simplified model for linear and nonlinear processes in thermoacoustic prime movers. Part I. Model and linear theory," *The Journal of the Acoustical Society of America*, vol. 102, no. 6, pp. 3484–3496, 1997.

[101] R. Waxler, "Stationary velocity and pressure gradients in a thermoacoustic stack," *The Journal of the Acoustical Society of America*, vol. 109, no. 6, pp. 2739–2750, 2001.

[102] G. Mozurkewich, "Heat transport by acoustic streaming within a cylindrical resonator," *Applied Acoustics*, vol. 63, pp. 713–735, 2002.

[103] G. Q. Lu and P. Cheng, "Thermoacoustic streaming in a tube with isothermal outer surface," *International Journal of Heat and Mass Transfer*, vol. 48, pp. 1599–1607, 2005.

[104] P. Debesse, D. Baltean-carles, F. Lusseyran, and M. Francois, "Adaptation de la Vélocimétrie par Images de Particules à l 'analyse des effets non linéaires en Thermoacoustique," in *Congrès Francophone de Techniques Laser, CFTL 2006*, 2006, pp. 19 – 22.

[105] P. Debesse, D. B. Carlès, F. Lusseyran, and M. François, "Analyse expérimentale des effets non linéaires dans les systèmes thermoacoustiques," in *18ème Congrès Français de Mécanique*, 2007, pp. 27–31.

[106] P. Debesse, "Vers une mesure du vent thermoacoustique," Université de Pierre et Marie Curie, 2008.

[107] G. Walker, "Stirling Engines," *Clarendon, Oxford*, 1960.

[108] P. H. Ceperley, "A pistonless Stirling engine---The traveling wave heat engine," *The Journal of the Acoustical Society of America*, vol. 66, no. 5, pp. 1508–1513, 1979.

[109] P. H. Ceperley, "Gain and efficiency of a traveling wave heat engine," *The Journal of the Acoustical Society of America*, vol. 72, no. 6, pp. 1688–1694, 1982.

[110] P. H. Ceperley, "Gain and efficiency of a short traveling wave heat engine," *The Journal of the Acoustical Society of America*, vol. 77, no. 3, pp. 1239–1244, 1985.

[111] T. Yazaki, A. Iwata, and T. Maekawa, "Traveling wave thermoacoustic engine in a looped tube," *physical Review Letters*, vol. 81, no. 15, pp. 3128–3131, 1998.

[112] S. Backhaus and G. W. Swift, "A thermoacoustic-Stirling heat engine:Detailed study," *The Journal of the Acoustical Society of America*, vol. 107, no. 6, pp. 3148–3166, 2000.

[113] S. Backhaus and G. W. Swift, "FABRICATION AND USE OF PARALLEL PLATE REGENERATORS IN THERMOACOUSTIC ENGINES," in *36th Intersociety Energy Conversion Engineering Conference*, 2001, pp. 1–6.

[114] S. Backhaus, E. Tward, and M. Petach, "Traveling-wave thermoacoustic electric generator," *Applied Physics Letters*, vol. 85, no. 6, p. 1085, 2004.

[115] "Design Of A High Efficiency Power Source (HEPS) Based On Thermoacoustic Technology," 2004.

[116] Y. Ueda, T. Biwa, U. Mizutani, and T. Yazaki, "Experimental studies of a thermoacoustic Stirling prime mover and its application to a cooler," *The Journal of the Acoustical Society of America*, vol. 115, no. 3, p. 1134, 2004.

[117] Z. Yu, A. J. Jaworski, and S. Backhaus, "Travelling-wave thermoacoustic electricity generator using an ultra-compliant alternator for utilization of low-grade thermal energy," *Applied Energy*, vol. 99, pp. 135–145, Nov. 2012.

[118] Z. Wu, W. Dai, M. Man, and E. Luo, "A solar-powered traveling-wave thermoacoustic electricity generator," *Solar Energy*, vol. 86, no. 9, pp. 2376–2382, Sep. 2012.

[119] A. Alemany and A. Krause, "Générateur thermoacoustique MHD pour la production directe d'énergie électrique," in *10ème Congrès Français d'Acoustique*, 2010.

[120] A. S. Abduljalil, Z. Yu, A. J. Jaworski, and L. Shi, "Construction and Performance Characterization of the Looped-Tube Travelling-Wave Thermoacoustic Engine with Ceramic Regenerator," in *World Academy of Science, Engineering and Technology 49 2009*, 2009, vol. 44, no. 0, pp. 330–333.

[121] L. Qiu, B. Wang, D. Sun, Y. Liu, and T. Steiner, "A thermoacoustic engine capable of utilizing multi-temperature heat sources," *Energy Conversion and Management*, vol. 50, no. 12, pp. 3187–3192, 2009.

[122] L. U. O. Ercang, W. U. Zhanghua, D. A. I. Wei, L. I. Shanfeng, and Z. Yuan, "A 100 W-class traveling-wave thermoacoustic electricity generator," *Chinese Science Bulletin*, vol. 53, no. 9, pp. 1453–1456, 2008.

[123] H. Tijani, S. Spoelstra, and G. Poignand, "Study of a thermoacoustic-Stirling engine," in *Acoustics'08 Paris*, 2008, pp. 3539–3544.

[124] G. Zhou, Q. Li, Z. Y. Li, and Q. Li, "A miniature thermoacoustic stirling engine," *Energy Conversion and Management*, vol. 49, pp. 1785–1792, 2008.

[125] D. Sun, L. Qiu, B. Wang, Y. Xiao, and L. Zhao, "Output characteristics of Stirling thermoacoustic engine," *Energy Conversion and Management*, vol. 49, pp. 1265–1270, 2008.

[126] C. Desjouy, P. Lotton, and G. Penelet, "Étude théorique et expérimentale d ' un résonateur acoustique annulaire à ondes progressives," in *18ème Congrès Français de Mécanique*, 2007, no. 1979, pp. 27–31.

[127] E. C. Luo, W. Dai, Y. Zhang, and H. Ling, "Experimental investigation of a thermoacoustic-Stirling refrigerator driven by a thermoacoustic-Stirling heat engine," *Ultrasonics*, vol. 44, pp. 1531–1533, 2006.

[128] W. Dai, E. Luo, Y. Zhang, and H. Ling, "Detailed study of a traveling wave thermoacoustic refrigerator driven by a traveling wave thermoacoustic engine," *The Journal of the Acoustical Society of America*, vol. 119, no. 5, pp. 2686–2692, 2006.

[129] M. Miwa, T. Sumi, T. Biwa, Y. Ueda, and T. Yazaki, "Measurement of acoustic output power in a traveling wave engine," *Ultrasonics*, vol. 44, pp. 1527–1529, 2006.

[130] E. Luo, W. Dai, Y. Zhang, and H. Ling, "Thermoacoustically driven refrigerator with double thermoacoustic Stirling cycles," *Applied Physics Letters*, vol. 88, no. 7, p. 074102, 2006.

[131] D. L. Gardner and G. W. Swift, "A cascade thermoacoustic engine," *The Journal of the Acoustical Society of America*, vol. 114, no. 4, pp. 1905–1919, 2003.

[132] T. Hofler, "Accurate acoustic power measurements with a high-intensity driver," *J. Acoust. Soc. Am*, vol. 83, no. February, pp. 777–786, 1988.

[133] S. L. Garrett, T. J. Hofler, and D. K. Perkins, "ThermoaAcoustic Refrigeration," *Refrigeration And Air Conditioning*. pp. 1–8, 1993.

[134] M. E. Poese, R. W. M. Smith, S. L. Garrett, R. Van Gerwen, and P. Gosselin, "Thermoacoustic refrigeration for ice cream sales."

[135] J. A. Adeff and T. J. Hofler, "Design and construction of a solar- powered , thermoacoustically driven , thermoacoustic refrigerator," *The Journal of the Acoustical Society of America*, vol. 107, no. 5, p. 2795, 2000.

[136] M. E. H. Tijani, J. C. H. Zeegers, and A. T. A. M. De Waele, "Construction and performance of a thermoacoustic refrigerator," *Cryogenics*, vol. 42, pp. 59–66, 2002.

[137] M. E. H. Tijani and S. Spoelstra, "Study of a coaxial thermoacoustic-stirling cooler»," *Cryogenics*, vol. 48, pp. 77–82, 2008.

[138] O. G. Symko, "Miniature Thermoacoustic Refrigerator," Salt Lake City, Utah, 1994.

[139] Y. Huang, E. Luo, W. Dai, and Z. Wu, "A Traveling Wave Thermoacoustic Refrigerator within Room Temperature Range," 2004.

[140] Y. Ueda, T. Biwa, T. Yazaki, and U. Mizutani, "Construction of a thermoacoustic Stirling cooler," *PHYSICA B*, vol. 329–333, pp. 1600–1601, 2003.

[141] T. Yazaki, T. Biwa, and A. Tominaga, "A pistonless Stirling cooler," *Applied Physics Letters*, vol. 80, no. 1, pp. 157–159, 2002.

[142] R. S. Reid and G. W. Swift, "Experiments With a Flow-Through Thermoacoustic Refrigerator," *The Journal of the Acoustical Society of America*, vol. 108, no. 6, pp. 2835–2842, 2000.

[143] S. Sakamoto and Y. Watanabe, "The experimental studies of thermoacoustic cooler," *Ultrasonics*, vol. 42, pp. 53–56, 2004.

[144] W. Dai, E. Luo, J. Hu, and H. Ling, "A heat driven thermoacoustic cooler capable of reaching liquid nitrogen temperature," *Applied Physics Letters*, vol. 86224103, 2005.

[145] E. C. Luo, G. Y. Yu, S. L. Zhu, and W. Dai, "A High Frequency Thermoacoustically Driven Thermoacoustic-Stirling Cryocooler," in *International Cryocooler Conference*, 2007, pp. 211–217.

[146] R. Chen, Y. Chen, C. Chen, C. Tsai, and J. Denatale, "Development of Miniature Thermoacoustic Refrigerators," in *40th AIAA Aerospace Sciences Meeting and Exhibit*, 2002, no. c.

[147] W. V Slaton and J. C. H. Zeegers, "An aeroacoustically driven thermoacoustic heat pump," *The Journal of the Acoustical Society of America*, vol. 117, no. 6, pp. 1–8, 2005.

[148] L. Zoontjens, C. Q. Howard, A. C. Zander, and B. S. Cazzolato, "Development of a Low-Cost Loudspeaker-Driven Thermoacoustic Refrigerator," in *Acoustics 2005*, 2005, no. November.

[149] G. Poignand, "Réfrigérateur thermoacoustique: Etude du système compact et du comportement transitoire," Université du Maine, 2006.

[150] T. S. Ryan, "DESIGN AND CONTROL OF A STANDING-WAVE THERMOACOUSTIC REFRIGERATOR," University of Pittsburgh, 2009.

[151] D. L. Gardner and C. Q. Howard, "Waste-Heat-Driven Thermoacoustic Engine and Refrigerator," in *Proceedings of ACOUSTIC 2009*, 2009, no. November, pp. 23–26.

[152] T. Konaina and N. Yassen, "Thermoacoustic Solar Cooling for Domestic Usage Sizing Software Part (I)," *Energy Procedia*, vol. 18, no. I, pp. 119–130, Jan. 2012.

[153] R. Radebaugh, "Development of the pulse tube refrigerator as an efficient and reliable cryocooler," London, 2000.

[154] R. Radebaugh, "A review of pulse tube refrigeration," *Advances in Cryogenic Engineering*, vol. 35, pp. 1191–1205, 1990.

[155] G. Popescu, V. Radcenco, E. Gargalian, and P. R. Bala, "A critical review of pulse tube cryogenerator research," *International Journal of Refrigeration*, vol. 24, pp. 230–237, 2001.

[156] K. Tang, G. B. Chen, and B. Kong, "A 115 K thermoacoustically driven pulse tube refrigerator with low onset temperature," *Cryogenics*, vol. 44, pp. 287–291, 2004.

[157] J. Y. Hu, E. C. Luo, W. Dai, Z. H. Wu, and G. Y. Yu, "A Thermoacoustically Driven Two-Stage Pulse Tube Cryocooler," in *International Cryocooler Conference*, 2007, pp. 219–224.

[158] A. Piccolo and G. Cannistraro, "Convective heat transport along a thermoacoustic couple in the transient regime," *International Journal of Thermal Sciences*, vol. 41, pp. 1067–1075, 2002.

[159] H. Ke, Y. Liu, Y. He, Y. Wang, and J. Huang, "Numerical simulation and parameter optimization of thermo-acoustic refrigerator driven at large amplitude," *Cryogenics*, vol. 50, no. 1, pp. 28–35, 2010.

[160] O. Hireche, C. Weisman, D. Baltean-carlès, P. Le, M. François, and L. Bauwens, "Numerical model of a thermoacoustic engine," *Comptes Rendus Mecanique*, vol. 338, no. 1, pp. 18–23, 2010.

[161] J. A. L. Nijeholt, M. E. H. Tijani, and S. Spoelstra, "Simulation of a traveling-wave thermoacoustic engine using computational fluid dynamics," *The Journal of the Acoustical Society of America*, vol. 118, no. 4, pp. 2265–2270, 2005.

[162] O. M. Knio and E. Besnoin, "DIRECT SIMULATIONS OF THERMOACOUSTIC HEAT EXCHANGERS," in *WCU*, 2003, pp. 1063–1068.

[163] H. Ishikawa and D. J. Mee, "Numerical investigations of flow and energy fields near a thermoacoustic couple," *The Journal of the Acoustical Society of America*, vol. 111, no. 2, pp. 831–839, 2002.

[164] A. A. Atchley, H. E. Bass, T. J. Hofler, and H. T. Lin, "Study of a thermoacoustic prime mover below onset of self-oscillation, J," *The Journal of the Acoustical Society of America*, vol. 91, no. 2, pp. 734–743, 1992.

[165] A. A. Atchley, "Standing wave analysis of a thermoacoustic prime mover below onset of self-oscillation," *The Journal of the Acoustical Society of America*, vol. 92, no. 5, pp. 2907–2914, 1992.

[166] A. A. Atchley, "Analysis of the initial buildup of oscillations in a thermoacoustic prime mover by a prime exactly balances the losses in the stack net the mover," *The Journal of the Acoustical Society of America*, vol. 95, no. 3, pp. 1661–1664, 1994.

[167] W. P. Arnott, E. Bass, and R. Raspet, "Specific acoustic impedance measurements of an air-filled thermoacoustic prime mover," *J. Acoust. Soc. Am*, vol. 92, no. December, pp. 3432–3434, 1992.

[168] J. Kordomenos, A. A. Atchley, R. Raspet, and H. E. Bass, "Experimental study of a thermoacoustic termination of a traveling-wave tube," *J. Acoust. Soc. Am, Vol.*, vol. 98, no. 3, pp. 1623–1628, 1995.

[169] Y. T. Kim, M. G. Kim, and N. I. Kwon, "Optimum Position of a Stack Assembly in a Thermoacoustic Generator," *Journal of the Korean physical Society*, vol. 33, no. 4, pp. 406–413, 1998.

[170] S. Zhou and Y. Matsubara, "Experimental research of thermoacoustic prime mover," *Cryogenics*, vol. 387, pp. 813–822, 1998.

[171] Y. Ueda, T. Biwa, Y. Tashiro, U. Mizutani, and T. Yazaki, "SELF-TUNING MECHANISM IN A LOOPED TUBE THERMOACOUSTIC ENGINE," in *WCU*, 2003, pp. 1049–1051.

[172] Z. B. Yu, Q. Li, X. Chen, F. Z. Guo, and X. J. Xie, "Experimental investigation on a thermoacoustic engine having a looped tube and resonator," *Cryogenics*, vol. 45, pp. 566–571, 2005.

[173] E. C. Luo, H. Ling, W. Dai, and G. Y. Yu, "Experimental study of the influence of different resonators on thermoacoustic conversion performance of a thermoacoustic-Stirling heat engine," *Ultrasonics*, vol. 44, pp. 1507–1509, 2006.

[174] Z. Gang, L. I. Qing, L. I. Zhengyu, and L. I. Qiang, "Influence of resonator diameter on a miniature thermoacoustic Stirling heat engine," *Chinese Science Bulletin*, vol. 53, no. 1, pp. 145–154, 2008.

[175] M. Akhavanbazaz, M. H. K. Siddiqui, and R. B. Bhat, "The impact of gas blockage on the performance of a thermoacoustic refrigerator," *Experimental Thermal and Fluid Science*, vol. 32, no. 1, pp. 231–239, 2007.

[176] F. Wu, C. Wu, F. Guo, Q. Li, and L. Chen, "Optimization of a Thermoacoustic Engine with a Complex Heat Transfer Exponent," *Entropy*, vol. 5, pp. 444–451, 2003.

[177] F. Wu, L. Chen, A. Shu, X. Kan, K. Wu, and Z. Yang, "Constructal design of stack filled with parallel plates in standing-wave thermo-acoustic cooler," *Cryogenics*, vol. 49, no. 3–4, pp. 107–111, 2009.

[178] Q. Tu, Q. Li, F. Wu, and F. Z. Guo, "Network model approach for calculating oscillating frequency of thermoacoustic prime mover," *Cryogenics*, vol. 43, pp. 351–357, 2003.

[179] Q. Tu, Q. Li, F. Guo, J. Wu, and J. Liu, "Temperature difference generated in thermo-driven thermoacoustic refrigerator," *Cryogenics*, vol. 43, pp. 515–522, 2003.

[180] R. Bao, G. B. Chen, K. Tang, Z. Z. Jia, and W. H. Cao, "Effect of RC load on performance of thermoacoustic engine," *Cryogenics*, vol. 46, no. 9, pp. 666–671, 2006.

[181] G. Poignand, B. Lihoreau, P. Lotton, E. Gaviot, M. Bruneau, and V. Gusev, "Optimal acoustic fields in compact thermoacoustic refrigerators," *APPLIED ACOUSTICS*, vol. 68, pp. 642–659, 2007.

[182] K. Tang, Z. Huang, T. Jin, and G. Chen, "Impact of load impedance on the performance of a thermoacoustic system employing acoustic pressure amplifier," *Chinese Science Bulletin*, vol. 9, no. 1, pp. 79–87, 2008.

[183] H. Kang, G. Zhou, and Q. Li, "Thermoacoustic effect of traveling-standing wave," *Cryogenics*, no. May, 2010.

[184] H. Kang, G. Zhou, and Q. Li, "Heat driven thermoacoustic cooler based on traveling – standing wave," *ENERGY CONVERSION AND MANAGEMENT*, pp. 1–6, 2010.

[185] H. Kang, Q. Li, and G. Zhou, "optimizing hydraulic radius and acoustic field of the thermoacoustic engine," *Cryogenics*, vol. 49, no. 3–4, pp. 112–119, 2009.

[186] K. Huifang, L. Qing, and Z. Gang, "Synthetical optimization of hydraulic radius and acoustic field for thermoacoustic cooler," *Energy Conversion and Management*, vol. 50, no. 8, pp. 2098–2105, 2009.

[187] Z. J. Hu, Z. Y. Li, Q. Li, and Q. Li, "Evaluation of thermal efficiency and energy conversion of thermoacoustic Stirling engines," *Energy Conversion and Management*, vol. 51, no. 4, pp. 802–812, 2010.

[188] Z. Yu and A. J. Jaworski, "Impact of acoustic impedance and flow resistance on the power output capacity of the regenerators in travelling-wave thermoacoustic engines," *Energy Conversion and Management*, vol. 51, no. 2, pp. 350–359, 2010.

[189] L. M. Qiu, B. H. Lai, Y. F. Li, and D. M. Sun, "Numerical simulation of the onset characteristics in a standing wave thermoacoustic engine based on thermodynamic analysis," *Heat and Mass Transfer*, 2011.

[190] X. H. Hao, Y. L. Ju, U. Behera, and S. Kasthurirengan, "Influence of working fluid on the performance of a standing-wave thermoacoustic prime mover," *Energy*, vol. 51, pp. 559–561, 2011.

[191] S. H. Tasnim, S. Mahmud, and R. a. Fraser, "Effects of variation in working fluids and operating conditions on the performance of a thermoacoustic refrigerator," *International Communications in Heat and Mass Transfer*, vol. 39, no. 6, pp. 762–768, Jul. 2012.

[192] N. M. Hariharan, P. Sivashanmugam, and S. Kasthurirengan, "Influence of stack geometry and resonator length on the performance of thermoacoustic engine," *Applied Acoustics*, vol. 73, no. 10, pp. 1052–1058, Oct. 2012.

[193] J. R. Olson and G. W. Swift, "Similitude in thermoacoustics," *J. Acoust. Soc. Am*, vol. 95, no. 3, pp. 1405–1412, 1994.

[194] B. L. Minner, "Design Optimization for Thermoacoustic Cooling Systems," School of Mechanical Engineering, Purdue University, W. Lafayette, IN, 1996.

[195] B. L. Minner, L. Mongeau, and J. E. Braun, "Optimization of thermoacoustic engine design variables for maximum performance," *J. Acoust. Soc. Am*, vol. 98, no. 5, pp. 2961–2962, 1995.

[196] B. L. Minner, J. E. Braun, and L. Mongeau, "Optimizing the Design of a Thermoacoustic Refrigerator," in *International Refrigeration and Air Conditioning Conference*, 1996, p. Paper 343.

[197] I. Paek, J. E. Braun, and L. Mongeau, "Evaluation of standing-wave thermoacoustic cycles for cooling applications," *International Journal of Refrigeration*, vol. 30, pp. 1059–1071, 2007.

[198] M. Wetzel and C. Herman, "Design optimization of thermoacoustic refrigerators," *International Journal of Refrigeration*, vol. 20, no. 1, pp. 3–21, 1997.

[199] M. E. H. Tijani, J. C. H. Zeegers, and A. T. A. M. De Waele, "Design of thermoacoustic refrigerators," *Cryogenics*, vol. 42, pp. 49–57, 2002.

[200] H. Babaei and K. Siddiqui, "Design and optimization of thermoacoustic devices," *Energy Conversion and Management*, vol. 49, no. 12, pp. 3585–3598, 2008.

[201] F. Zink, H. Waterer, R. Archer, and L. Schaefer, "Geometric optimization of a thermoacoustic regenerator," *International Journal of Thermal Sciences*, vol. 48, no. 12, pp. 2309–2322, 2009.

[202] A. C. Trapp, F. Zink, O. a. Prokopyev, and L. Schaefer, "Thermoacoustic heat engine modeling and design optimization," *Applied Thermal Engineering*, vol. 31, no. 14–15, pp. 2518–2528, Oct. 2011.

[203] J. Kennedy and R. Eberhart, "Particle Swarm Optimization," *IEEE*, vol. 4, pp. 1942–1948, 1995.

[204] M. Clerc, "The swarm and the queen: towards a deterministic and adaptive particle swarm optimization," *Proc. ICEC, Washington, DC*, pp. 1951–1957, 1999.

[205] R. Eberhart and Y. Shi, "Particle Swarm Optimizatio: Developments Applications and Resources," *IEEE*, pp. 81–86, 2001.

[206] I. C. Trelea, "The particle swarm optimization algorithm: convergence analysis and parameter selection," *Information Processing Letters*, vol. 85, pp. 317–325, 2003.

[207] H. Hatori, T. Biwa, and T. Yazaki, "How to build a loaded thermoacoustic engine," *Journal of Applied Physics*, vol. 111, no. 7, p. 074905, 2012.

Oui, je veux morebooks!

i want morebooks!

Buy your books fast and straightforward online - at one of world's fastest growing online book stores! Environmentally sound due to Print-on-Demand technologies.

Buy your books online at
www.get-morebooks.com

Achetez vos livres en ligne, vite et bien, sur l'une des librairies en ligne les plus performantes au monde!
En protégeant nos ressources et notre environnement grâce à l'impression à la demande.

La librairie en ligne pour acheter plus vite
www.morebooks.fr

VDM Verlagsservicegesellschaft mbH
Heinrich-Böcking-Str. 6-8   Telefon: +49 681 3720 174   info@vdm-vsg.de
D - 66121 Saarbrücken   Telefax: +49 681 3720 1749 www.vdm-vsg.de

Printed by Books on Demand GmbH, Norderstedt / Germany